U0965155

植物病理学实验及研究技术

岳海梅　主编

中国农业大学出版社
·北京·

内容简介

本实验指导书是结合许志刚主编的《普通植物病理学》(第4版)教材编写的，根据最新菌物分类方法设计实验，浅显易懂，适用于植物保护专业的“普通植物病理学”和“植物病理学研究技术”，农学专业的“农业植物病理学”，园艺专业的“园艺植物病理学”等课程的实验教学。

全书共包括31个实验。实验一至实验十四为验证性实验，重点要求学生认识和掌握菌物、细菌、线虫和寄生性种子植物等的为害症状和病原物的形态特点，学习显微绘图、制片技术；实验十五至实验三十一为综合性实验，要求学生掌握田间一般病害的诊断和鉴定方法、标本的采集和制作、病原物的分离和接种，学会田间病害调查方法，以及病害的预测预报等。

图书在版编目(CIP)数据

植物病理学实验及研究技术/岳海梅主编.—北京：中国农业大学出版社，2015.12(2020.1重印)

ISBN 978-7-5655-1430-2

Ⅰ.①植…　Ⅱ.①岳…　Ⅲ.①植物病理学-实验　Ⅳ.①S432.1-33

中国版本图书馆CIP数据核字(2015)第269341号

书　　名　植物病理学实验及研究技术

作　　者　岳海梅　主编

策划编辑	林孝栋	责任编辑	王艳欣
封面设计	郑　川	责任校对	王晓凤
出版发行	中国农业大学出版社		
社　　址	北京市海淀区圆明园西路2号	邮政编码	100193
电　　话	发行部 010-62818525，8625	读者服务部	010-62732336
	编辑部 010-62732617，2618	出　版　部	010-62733440
网　　址	http://www.cau.edu.cn/caup	E-mail	cbsszs@cau.edu.cn
经　　销	新华书店		
印　　刷	北京玺诚印务有限公司		
版　　次	2015年12月第1版　2020年1月第2次印刷		
规　　格	787×980　16开本　10印张　180千字		
定　　价	35.00元		

图书如有质量问题本社发行部负责调换

编写人员

主　编　岳海梅（西藏大学农牧学院）

参　编　（按姓氏拼音顺序排列）

巩文峰（西藏大学农牧学院）

何建清（西藏大学农牧学院）

彭岳林（西藏大学农牧学院）

唐晓琴（西藏大学农牧学院）

旺　姆（西藏大学农牧学院）

张新军（西藏大学农牧学院）

庄　华（西北农林科技大学）

卓玛曲措（西藏大学农牧学院）

前　　言

普通植物病理学是生物科学的基础学科，是植物保护专业的专业基础课，本实验指导书是结合许志刚主编的《普通植物病理学》(第 4 版)教材编写的，根据最新菌物分类方法而设计菌物分类章节的实验，适合与该教材配套使用。本实验指导书浅显易懂，适用于植物保护专业的“普通植物病理学”和“植物病理学研究技术”，农学专业的“农业植物病理学”，园艺专业的“园艺植物病理学”等课程的实验教学。全书共包括 31 个实验，62 个学时。实验一至实验十四为验证性实验，重点要求学生认识和掌握菌物、细菌、线虫和寄生性种子植物等的为害症状和病原物的形态特点，学习显微绘图、制片技术；实验十五至实验三十一为综合性实验，要求学生掌握田间一般病害的诊断和鉴定方法、标本的采集和制作、病原物的分离与接种，学会田间病害调查方法，以及病害的预测预报等，做到将所学知识真正应用到生产实践中。要求学生在实验课前预习实验指导，明确实验的目的和意义，复习实验相关理论知识，了解实验的方法、步骤、重点和难点；在教师指导下，按照要求的内容和方法，认真、独立地进行实验，分析实验数据和结果，认真完成实验报告，总结实验所得并找出实验中的不足之处，培养严谨的科学态度。书后附有菌种保藏方案，植物病理实验室基本仪器设备及其使用，植物病理学实验常用培养基及抗生素的配方和配制方法等，为广大读者提供参考。

本实验指导书的编写得到了同行教师的大力支持，巩文峰负责编写实验二十七至实验二十九，何建清负责编写实验三十，彭岳林负责编写实验二十五，唐晓琴负责编写实验十八，旺姆负责编写实验十七和附录四，张新军负责编写实验二十三和实验二十四，庄华负责编写实验十一至实验十四和附录五至附录七，卓玛曲措负责编写实验一，其余实验及附录由岳海梅编写。

限于编者水平，加之时间仓促，书中难免有疏漏和错误之处，敬请各位同行及读者批评指正。

本书得到了西藏大学农牧学院“2015 年乡土教材建设项目”的支持，在此表示感谢。

编　者

2015 年 9 月

实验守则

一、实验须知

(1)实验前须充分预习实验指导书的内容,明确本次实验的目的和要求,准备好当次实验所需用具。

(2)实验操作要细心谨慎,认真进行观察,独立完成实验作业。

(3)实验用品和材料用后必须放回原处,以免丢失,也方便他人取用,对于需清洁的用具须及时清洁。

(4)实验仪器设备等由于操作不当或其他原因等引起损坏或遗失的,应及时登记并按照学校有关规定处理。

(5)实验完毕应将仪器放回原处,擦净桌面,收拾整齐。离开实验室时注意关闭门、窗、水、灯等。

二、实验指南

植物病理学实验是植物病理学课程的重要组成部分,目的是以植物病理学和其他相关学科知识为基础,追溯植物病害发生的原因及过程,认识不同病原所致病害的症状特点及病原形态特征,掌握植物病理实验及研究的基本技能及方法,注重观察、思考、分析、解决实际问题的能力培养,为将来的研究工作打下基础。

目　　录

实验一　植物病害的症状观察

一、实验目的

植物病害的症状观察是诊断和认识植物病害的重要依据。常见病害可由症状做出正确诊断；未知病害，经症状观察和镜检，可做出初步诊断，再经过分离培养、接种等工作，做出最后结论。症状可分为病状和病征，通过本次实验初步认识病害的病状和病征的主要类型，掌握各种病状和病征类型的特点，为病害诊断奠定一定基础。

二、基本原理

植物病害的症状是植物患病后由于异常生理活动而发生在细胞和组织上、形态上的变化。既发生于患病植物内部，又表现于其外表。一般常指植物外部病变的综合特点，包括形态、形状、质地、颜色、味道和存在的病原体等方面的变化。症状分为“病状”和“病征”。病状是患病后植物本身所表现的综合变化特征。病征是病原物在植物病部表面形成的特征性结构，一般为病原物营养体或繁殖器官，但并不是所有植物病害都有病征表现，如病毒性病害和非侵染性病害在病部表面就没有病征表现。

每一种植物病害的症状具有相对的特殊性和稳定性，因此通过症状诊断植物病害必须经过一定时间的实践和一定数量的病害种类的积累，才能逐步掌握。

三、实验材料与用具

小麦条锈病、小麦赤霉病、小麦白粉病、梨轮纹病、小麦散黑穗病、马铃薯环腐病、马铃薯晚疫病、油菜菌核病、萝卜花叶病、苹果树腐烂病、十字花科根肿病、菠菜霜霉病、甘蓝菌核病、白菜病毒病、油菜白锈病和梨锈病等病害症状的新鲜标本、盒装标本或浸渍标本。

放大镜、光学显微镜、载玻片、盖玻片、蒸馏水、拨针、刮刀、纱布等。

四、实验步骤

(1)首先观察各类植物病害标本。按照变色、坏死、萎蔫、腐烂、畸形等5类归纳各种标本的病状类型。

(2)先用手持放大镜观察各种标本发病部位,是否有霉层、粉层、小黑点等病征,然后通过挑或刮病害的病征,制作临时玻片,观察各类病原菌,最后归纳病征类型。

五、实验结果

植物病害的症状观察

病害名称	寄主植物名称	发病部位	病状类型	病征类型

实验二　植物病原菌物的一般形态观察

一、实验目的

1. 了解菌物营养体及其变态类型的形态特点。
2. 了解菌物的繁殖方式及其孢子类型。

二、基本原理

菌物的主要特征有：①为真核生物，具有真正的细胞核；②营养体通常是丝状分枝的菌丝体，细胞壁主要成分为几丁质，有的为纤维素，少数菌物的营养体是不具细胞壁的原生质团；③没有叶绿素，不能进行光合作用，营养方式为异养；④典型的繁殖方式是产生各种类型的孢子。

三、实验材料与用具

有关病原切片，有关病害症状标本，显微镜，载玻片，盖玻片，蒸馏水，拨针等。

四、实验步骤

(一)菌物的营养体

1. 菌丝体和菌组织

菌物典型的营养体是极为细小的丝状体，这种丝状体称为菌丝，生长成丛的菌丝称为菌丝体，低等菌物的菌丝是无隔的，高等菌物的菌丝是有隔的。有些菌物的菌丝体，在一定的条件下或一定的发育阶段，还可形成特殊的组织体，常见的有菌核、子座和根状菌索。

(1)无隔菌丝体：挑取马铃薯晚疫病菌(*Phytophthora infestans*)或甘薯软腐病菌(*Rhizopus nigricans*)制作临时玻片，镜检无隔菌丝，观察病原菌物在培养基上形成的菌落，注意菌落的大小、形状、质地、颜色等形态特点。

(2)有隔菌丝体：挑取番茄晚疫病菌(*Alternaria solani*)或玉米大斑病菌(*Exserohilum turcicum*)制作临时玻片，镜检有隔菌丝，观察病原菌物在培养基上形成的菌落，注意菌落的大小、形状、质地、颜色等形态特点。

(3)菌核：观察油菜菌核病(*Sclerotinia sclerotiorum*)、黄瓜菌核病和莴苣菌核病标本，比较菌核的形状、大小和颜色，比较菌核外部组织与内部组织在形状、大小及排列方式上的差异。

(4)子座：镜检苹果树腐烂病菌(*Valsa mali*)所形成的子座制片，注意子座的形状、着生部位。

2. 菌丝体的变态结构

(1)吸器：是一些专性寄生菌在菌丝体上形成的吸收寄主养分的器官，形状有球状、丝状、掌状、指状等。镜检小麦白粉病菌(*Blumeria graminis*)吸器制备片，注意吸器的形状及形成部位。

(2)假根：为伸入基质内吸收养分并固着菌体的菌丝体，形如高等植物的根系，故称假根。假根除用于吸收养分外，还有固着菌体的作用。挑取培养基中培养的甘薯软腐病菌(*Rhizopus nigricans*)的菌丝(注意针尖要插入培养基内)制片镜检或镜检根霉(*Rhizopus* sp.)制备片，注意假根与匍匐菌丝的区别，注意观察假根和匍匐菌丝的关系。

(3)附着胞：从幻灯片观察病菌侵染寄主植物形成附着胞的过程及其形态。

(4)菌环和菌网：捕食性菌物常由菌丝分化成菌环和菌网组织来捕捉线虫等小动物，然后再由菌丝侵入线虫体内吸取营养，从幻灯片观察捕食线虫菌物的菌环和菌网的形态，同时观察不同菌环的结构及捕食机理。

(二)菌物的繁殖体及孢子

1. 菌物的无性繁殖体及孢子

(1)游动孢子：是根肿菌、壶菌和卵菌的无性孢子，通常呈球形或肾形，具鞭毛一根或两根，茸鞭或尾鞭，一端生或两端生，可以游动。产生于游动孢子囊内。观察十字花科白锈病(*Albugo candida*)的半永久玻片，注意观察游动孢子囊、孢囊梗的形态特点，并镜检观察游动孢子的形状和是否游动。

(2)孢囊孢子：是接合菌的无性孢子，无鞭毛，不能游动，有固定的细胞壁，产生于孢子囊中。观察黑根霉(*Rhizopus nigricans*)的孢子囊、孢囊梗的形态特点，并镜检观察其孢囊孢子的形状和是否游动。

(3)分生孢子：高等菌物中最常见的孢子类型，种类较多，其形状、大小、细胞数目、色泽变化较大，观察番茄早疫病菌（*Alternaria solani*），镜检其分生孢子的大小、颜色、分隔情况等。

（4）厚垣孢子：由菌丝细胞壁加厚，原生质浓缩而成，生于菌丝中部或顶端。观察棉花枯萎病菌（*Fusarium oxysporum* f. sp. *vesinfectum*）厚垣孢子示范片。

2. 菌物的有性繁殖体及孢子

（1）接合孢子：接合菌的有性孢子，由配子囊配合方式产生。观察根霉（*Rhizopus* sp.）或犁头霉（*Absidia* sp.）的接合孢子示范片，观察接合孢子的形状，表面是否有纹饰，色泽，配囊柄的形状，有无附属丝等。

（2）卵孢子：由两个异型配子囊（雄器和藏卵器）交配形成，壁厚且多为圆形，为卵菌所特有。观察大白菜霜霉病菌（*Peronospora parasitica*）半永久玻片，观察卵孢子壁是光滑还是具有纹饰，卵孢子与藏卵器结合是否紧密。

（3）子囊孢子：子囊菌的有性孢子，产生于子囊内，每个子囊通常含有 8 个子囊孢子。观察桃缩叶病菌（*Taphrina deformans*）示范片，镜检子囊中子囊孢子的数目。

（4）担孢子：担子菌的有性孢子，着生于一种称为担子的结构上，每个担子上着生 4 个担孢子。取小麦腥黑穗病菌（*Tilletia caries*），置于黑暗条件下保湿培养，3～5 d 后观察冬孢子萌发担子和担孢子的过程。

五、作业及思考题

1. 绘制实验中观察到的有隔菌丝、无隔菌丝、有性孢子和无性孢子的形态图。
2. 菌物的无性繁殖和有性繁殖在菌物的生活史中有何意义？

实验三　根肿菌门和壶菌门菌物及其所致病害症状观察

一、实验目的

通过本实验了解根肿菌门中根肿菌纲菌物和壶菌门中壶菌纲菌物的主要形态特征，掌握与植物病害有关的重要属的基本形态特征、分类依据及其所致病害的症状特点，为根肿菌门和壶菌门菌物的分类鉴定打下初步基础。

二、基本原理

根肿菌门菌物也叫根肿菌，是菌物门中最低等的一类，主要特征是营养体为原质团，有性繁殖产生厚壁的休眠孢子囊，无性繁殖产生薄壁的游动孢子囊和游动孢子，均为寄主细胞内专性寄生菌。壶菌门菌物又称壶菌，营养体形态变化很大，从单细胞到无隔菌丝体，无性繁殖产生游动孢子囊，游动孢子囊有囊盖，成熟时囊盖打开、释放多个游动孢子，有性繁殖产生休眠孢子囊。

三、实验材料与用具

有关病原切片，有关病害症状标本，显微镜，载玻片，盖玻片，蒸馏水，拨针等。

四、实验步骤

(一)根肿菌纲(Plasmodiophoromycetes)

该纲菌物为数不多，只有一个目，根肿菌目(Plasmodiophorales)，与植物病害关系密切的有以下两属。

1. 根肿菌属(*Plasmodiophora*)

观察白菜根肿病(*P. brassicae*)的液浸标本，注意发病部位根肿的特点，然后镜检白菜根肿病菌半永久玻片，注意在寄主细胞内能否见到成堆的休眠孢子，受害细胞的大小与正常细胞有无区别，是薄壁细胞受害，还是输导组织受害。

2. 粉痂菌属（*Spongospora*）

观察马铃薯粉痂病（*S. subterranea*）标本，并镜检该病的半永久玻片，通过标本观察马铃薯块茎皮层上形成的疮痂状小瘤，通过半永久玻片观察寄主细胞内由休眠孢子聚集成的多孔海绵状圆球。

注意区分两属的区别：根肿菌属的休眠孢子不结成休眠孢子堆，粉痂菌属休眠孢子联结成休眠孢子堆，总体呈海绵状的圆球。

（二）壶菌纲（Chytridiomycetes）

壶菌营养体形态变化较大，较高等的有原始的丝状体，无性繁殖产生后端具有单根尾鞭的游动孢子；重要的有节壶菌属（*Physoderma*）中的玉蜀黍节壶菌（*P. maydis*），引起玉米褐斑病。

观察玉米褐斑病标本，注意发病部位，病斑大小、颜色、是否隆起，用解剖针挑破病斑可见到大量黄褐色的粉末，即病菌的休眠孢子，制片镜检休眠孢子的形态，或镜检玉米褐斑病菌半永久玻片，观察休眠孢子胞壁厚薄、颜色，是否有盖。

五、作业及思考题

1. 绘出白菜根肿病和玉米褐斑病的病原菌形态图。
2. 描述本次实验中所观察的白菜根肿病和玉米褐斑病的症状特点。

实验四　卵菌门菌物形态观察

一、实验目的

通过本实验了解卵菌门菌物的主要形态特征，掌握与植物病害有关的重要属的基本形态特征、分类依据及其所致病害的症状特点。同时，学习使用检索表来鉴定病菌，为分类鉴定打下初步基础。

二、基本原理

卵菌的特征是营养体为真正的菌丝体；无性繁殖产生具有一根尾鞭和一根茸鞭的游动孢子，有性繁殖通过异型的雄器和藏卵器交配产生卵孢子，根据藏卵器内卵孢子数目的多少及其他特性，卵菌纲分为水霉目和霜霉目两个目，水霉目菌物大多是引起水生植物病害的腐生菌，霜霉目菌物大多是陆生植物的寄生菌。

三、实验材料与用具

有关病原切片，有关病害症状标本，显微镜，载玻片，盖玻片，蒸馏水，拨针等。

四、实验步骤

（一）水霉目（Saprolegniales）

水霉目菌物的主要特征是藏卵器中卵孢子的数目为一至多个，游动孢子具有明显的两游现象，游动孢子囊不脱落，与菌丝无明显差异。

水霉属（*Saprolegnia*）

在培养皿中用水稻诱发培养水霉菌，观察游动孢子囊与菌丝是否有差异，藏卵器中卵孢子的数目。

(二)霜霉目(Peronosporales)

霜霉目菌物与水霉目菌物的主要区别是藏卵器中只形成一个卵孢子,游动孢子没有两游现象,孢子囊一般是产生在特殊分化的孢囊梗上,孢子囊较易从孢囊梗上脱落。

根据孢囊梗的形态特点,霜霉目分为腐霉科(Pythiaceae)、白锈科(Albuginaceae)和霜霉科(Peronosporaceae),该目与植物病害关系密切的有以下几个属。

1. 疫霉属(*Phytophthora*)

取马铃薯晚疫病(*P. infestans*)标本,观察受害部位。注意症状特点,特别要注意叶片上病斑的位置、大小、状态、颜色,边缘是否清楚,是否产生灰白色的霉层(特别是叶背面)。镜检马铃薯晚疫病临时玻片,辣椒疫霉(辣椒疫病)或茄绵疫病半永久玻片,观察游动孢子囊的形态,注意观察孢子囊顶部的乳头状突起(乳突)。

2. 白锈属(*Albugo*)

取十字花科白锈病(*A. candida*)盒装标本或新鲜标本,注意受害部位、症状特点,观察发病部位是否可见乳白色或粉末状隆起病斑,注意观察发病寄主花器与正常植物花器的形态区别。观察油菜白锈病玻片标本,观察孢子囊的形态,注意观察孢子囊之间的"间细胞" 的特点。

3. 霜霉属(*Peronospora*)

观察十字花科霜霉病(*P. parasitica*)或大豆霜霉病(*P. manschurica*)标本,注意为害部位的症状和特点,然后挑取少许霉层制取临时玻片,镜检孢囊梗和孢子囊,注意孢囊梗分枝及分枝末端的特点,观察分枝是二叉分枝还是单轴分枝,小枝末端是否尖细。

4. 假霜霉属(*Pseudoperonospora*)

观察黄瓜霜霉病(*P. cubensis*)标本,注意为害部位和病状特点,挑取霉层制片或取制备片镜检孢囊梗和孢子囊,注意孢囊梗的分枝及分枝末端的特点,与霜霉属形态有何异同。

5. 盘梗霉属(*Bremia*)

观察莴苣霜霉病(*B. lactucae*)标本,注意症状特点,挑取病叶上的霉层制片,镜检孢囊梗的形态,注意分枝末端是否膨大呈盘状,边缘是否有小梗,孢子囊的形态及着生位置。

6. 单轴霉属(*Plasmopara*)

观察葡萄霜霉病(*P. viticola*)标本,注意症状特点,挑取病叶上的霉层制片,镜检孢囊梗的形态及分枝角度,注意孢囊梗的分枝特点,与霜霉属形态有何异同。

五、作业及思考题

1. 绘制辣椒疫霉(辣椒疫病)或茄绵疫病病原形态图。

2. 绘制油菜白锈病病原形态图。

3. 从霜霉属、假霜霉属、盘梗霉属、单轴霉属中挑选任意 2 个属绘制病原形态图。

4. 分别用文字描述马铃薯晚疫病和萝卜白锈病的发病症状特点。

实验五　接合菌门菌物形态观察

一、实验目的

本实验的目的是熟悉与植物病害关系密切的接合菌的形态及其所致病害的症状特点，同时观察菌物的异宗配合现象。

二、基本原理

接合菌门的菌物叫接合菌，也是菌物中比较低等的一类，这类菌物的营养体为无隔菌丝体，无性繁殖产生孢囊孢子，有性繁殖产生接合孢子。接合菌分两个纲：接合菌纲(Zygomycetes)和毛菌纲(Trichomycetes)。与农业病害关系较大的是接合菌纲中的毛霉目(Mucorales)菌物，重要的有三个属：根霉属(*Rhizopus*)、毛霉属(*Mucor*)和犁头霉属(*Absidia*)。

三、实验材料与用具

有关病原切片，有关病害症状标本，显微镜，载玻片，盖玻片，蒸馏水，拨针等。

四、实验步骤

毛霉目(Mucorales)菌物大多是腐生菌，引起植物花、果实、块根和块茎的腐烂。

1. 根霉属(*Rhizopus*)

镜检甘薯软腐病(*R. nigricans*)玻片或黑微玻片，注意匍匐菌丝与假根的形态，孢囊梗着生的位置，孢囊梗与假根的着生位置的关系，镜检孢子囊形态，能否见到囊轴？什么形状？

2. 毛霉属(*Mucor*)

无匍匐菌丝与假根，孢囊梗单生，直立，其他形态同根霉。挑取培养皿中培养的毛霉制作临时玻片，镜检孢囊梗、孢子囊和孢囊孢子，是否有匍匐菌丝和假根，注意和根霉的区别。

3. 犁头霉属(*Absidia*)

产生匍匐菌丝和假根，孢囊梗自假根间的弓形匍匐菌丝上长出，配囊柄上长出附属丝包围接合孢子。镜检犁头霉的假根、匍匐菌丝及配囊柄上长出附属丝包围接合孢子的形态，注意孢囊梗与假根的着生关系和根霉有何不同。

接合孢子的观察：取接合孢子装片，注意观察接合孢子颜色，表面是否粗糙。

五、作业及思考题

1. 绘制根霉属和毛霉属的病原形态图。
2. 绘制犁头霉属病原和接合孢子形态图。
3. 毛霉和根霉有什么不同？

实验六　子囊菌门菌物形态观察

一、实验目的

通过本次实验了解子囊菌的形态特征及分类概况，熟悉该菌所致病害的症状特点，以便为子囊菌的分类和病害鉴定打下基础。

二、基本原理

子囊菌门菌物称子囊菌，子囊菌有 15 000 多种，其中大多数是陆生的。它们的形态、生活史、寄生性及所致病害症状千差万别。营养体除少数种类是单细胞的外，大多数是发达、有隔膜、能分枝的菌丝体，而且很多种类可形成菌组织，因而有子座和菌核等结构，无性繁殖产生分生孢子，有性繁殖产生子囊孢子。

三、实验材料与用具

有关病原切片，有关病害症状标本，显微镜，载玻片，盖玻片，蒸馏水，拨针等。

四、实验步骤

子囊菌的分类主要是根据有性阶段的形态特征，根据是否形成子囊果、子囊果的类型和子囊的结构，子囊菌门分为六个纲，与植物病害有关的有三个纲。

（一）半子囊菌纲（Hemiascomycetes）

半子囊菌纲包括许多低等的子囊菌，比较原始，营养体是单细胞或不发达的菌丝体；子囊散生，不形成子囊果；与植物病害关系较大的有外囊菌目（Taphrinales）中的外囊菌属（*Taphrina*），该属菌物都是专性寄生菌，引起叶片、枝梢和果实畸形。

观察桃缩叶病（*T. deformans*）标本，注意植物组织膨肿变形状态，病部表面是否有灰白色霉层？为何物？取小块病叶或病果皮切片镜检，镜检裸生的子囊及其内的子囊孢子。

(二)核菌纲(Pyrenomycetes)

核菌纲菌物十分庞杂,其特征是有性生殖产生子囊壳或闭囊壳,子囊壳具固定的孔口,孔口的内侧有一层菌丝状的缘丝,子囊在子囊壳中的排列是有规则的,白粉菌目和小煤炱目的子囊果为闭囊壳,子囊壁单层。核菌纲有四个目,其中与植物病害关系密切的有白粉菌目和球壳目。

1. 白粉菌目(Erysiphales)

白粉菌都是专性寄生菌,菌丝有隔,无性和有性繁殖体多表生,以吸器伸入寄主表皮细胞吸取养分,子囊果为闭囊壳,其上生有各种形状的附属丝,根据附属丝的形态和闭囊壳内子囊的数目进行分类,常见的有以下七属。

(1)白粉属(*Erysiphe*):镜检苦瓜白粉病(*E. cucurbitae*)玻片,观察闭囊壳的形态,注意附属丝的形态和长短,注意观察闭囊壳内子囊的数目及形态,能否看到子囊孢子。

(2)布氏白粉属(*Blumeria*):观察小麦白粉病(*B. graminis*)标本,注意病状特点,病部是否有白色粉状物和小黑点,镜检闭囊壳的形态,注意附属丝的长短。

(3)单丝壳属(*Sphaerotheca*):观察黄瓜白粉病(*S. fuliginea*)标本,注意病状特点,镜检闭囊壳及附属丝,注意附属丝是否为菌丝状,闭囊壳内子囊的数目等特点。

(4)叉丝壳属(*Microsphaera*):观察核桃白粉病(*M. yamadai*)标本,注意病状特点,镜检闭囊壳和附属丝,注意附属丝顶端有数回二叉状分枝,闭囊壳内子囊多数的特点。

(5)球针壳属(*Phyllactinia*):观察梨白粉病(*P. corylea*)标本,注意病状特点,镜检附属丝的形态,注意附属丝生在闭囊壳的赤道部位,刚直,基部膨大呈球形,闭囊壳内子囊多个。

(6)叉丝单囊壳属(*Podosphaera*):取苹果白粉病(*P. leucotricha*)标本,镜检闭囊壳和附属丝,注意附属丝刚直,顶端一次或数次整齐的叉状分枝,闭囊壳内产生一个子囊的特点。

(7)钩丝壳属(*Uncinula*):取葡萄白粉病(*U. necator*)标本,观察症状特点,并制片镜检闭囊壳及附属丝,注意闭囊壳内子囊多数,附属丝顶端卷曲呈钩状或螺旋状。

2. 球壳目(Sphaeriales)

球壳目菌物的子囊果为真正的子囊壳,有真正的孔口,孔口乳突状或长筒状,子囊有圆形、棍棒形、纺锤形，一般排列成子实层，子囊间大都有侧丝，也有的早期消解或没有，球壳菌一般都有很发达的分生孢子阶段，以下各属都可引起重要的植物病害。

(1)长喙壳属(*Ceratocystis*)：取甘薯黑疤病(*C. fimbriata*)标本，观察症状特点，镜检观察子囊壳是否呈烧瓶状？喙的长度约为子囊壳直径的几倍？孔口上是否有口须？能否看见子囊孢子？形态如何？

(2)小丛壳属(*Glomerella*)：取苹果炭疽病(*G. cingulata*)标本，镜检观察子囊壳的大小，子囊的形态、着生部位，壳外是否有毛状菌丝，能否见到子囊和子囊孢子。

(3)黑腐皮壳属(*Valsa*)：取苹果腐烂病(*V. mali*)标本，注意观察发病部位，镜检子囊壳的形状、颜色、着生部位及子囊壳和子囊孢子的形态，观察子囊壳是否埋生于子座内，子囊壳是否有长颈，是否伸出于子座外？

(4)赤霉属(*Gibberella*)：取小麦赤霉病(*G. zeae*)标本，观察为害部位及其上的淡粉色霉层(何物?)，是否有小黑点(何物?)。如有小黑点，挑取带小黑点的病组织制片，镜检子囊壳的形状、颜色(无色、紫色还是蓝色?)及着生情况，能否见到子囊和子囊孢子，形态如何?

(5)顶囊壳属(*Gaeumannomyces*)：取小麦全蚀病(*G. graminis*)标本，观察症状特点，镜检子囊壳，观察子囊和子囊孢子的形态，观察子囊壳是否有短喙，子囊顶端是否有顶环?

(三)盘菌纲(Discomycetes)

主要特征是子囊果为子囊盘，子囊平行排列形成子实层。盘菌大多是腐生的，不少种类可以食用，主要引起菌核病。

核盘菌属(*Sclerotinia*)

属柔膜菌目。取油菜菌核病(*S. sclerotiorum*)标本，观察菌核萌发形成的子囊盘，镜检油菜菌核病制备片，观察子囊盘，平行排列的棍棒状的子囊和单胞纺锤形的子囊孢子，子囊间是否有侧丝。

五、作业

1. 绘制实验中所观察到的核菌纲白粉菌目中的任意 4 个重要属的病原图。
2. 绘制桃缩叶病和油菜菌核病的病原形态图。
3. 绘制实验中所观察到的核菌纲球壳目中的任意 3 个重要属的病原图。

实验七　担子菌门菌物形态观察

一、实验目的

通过本次实验掌握担子菌门锈菌目及黑粉菌目菌物所致病害的症状特点，为锈菌目和黑粉菌目的分类和病害鉴定打下初步基础。

二、基本原理

担子菌门的菌物称为担子菌，是菌物中最高等的一类，其特点是有性生殖产生担子和担孢子，担孢子是一种外生孢子。由于多数担子菌没有明显的单倍体营养阶段，所以很少见到分生孢子繁殖。担子菌有两种类型的菌丝体，一种是由担孢子萌发形成的单倍体，另一种是经过双核化而形成的每个细胞中有一对细胞核的次生菌丝体，常见的是后一种，担子菌菌丝体上锁状联合现象比较普遍。

三、实验材料与用具

有关病原切片，有关病害症状标本，显微镜，载玻片，盖玻片，蒸馏水，拨针等。

四、实验步骤

(一)锈菌目(Uredinales)

锈菌目菌物均为高等植物专性寄生菌，共同特征是在病部形成锈状物，担子上有小梗，担孢子为掷孢子，成熟时可以强力弹射，有些锈菌还具有转主寄生现象。

1. 单胞锈菌属(*Uromyces*)

取菜豆锈病(*U. appendiculatus*)或蚕豆锈病玻片标本观察夏孢子堆和冬孢子堆的大小、颜色。冬孢子深褐色，有柄，单细胞，顶壁较厚具乳突，突破寄主表皮生于体外；夏孢子黄褐色，单胞，有微刺。

2. 柄锈菌属（双胞锈菌属 *Puccinia*）

冬孢子有短柄，双细胞，壁厚，顶细胞较圆；夏孢子浅黄色，单胞，表面有微刺，遇水不胶化。取麦类秆锈病（*P. graminis*）、叶锈病和条锈病的玻片标本，注意观察夏孢子堆和冬孢子堆的大小、形状、颜色等有何不同。

3. 胶锈菌属（*Gymnosporangium*）

在桧柏上剪取苹果锈病（*G. yamadae*）的冬孢子角，实验前提前浸泡于蒸馏水中，实验时用牙签或接种针挑取少量冬孢子角制成临时玻片，镜检并观察冬孢子形态。冬孢子有长柄，双细胞，壁薄，遇水胶化。

4. 栅锈菌属（*Melampsora*）

取亚麻锈病（*M. lini*）标本，观察症状特点，并镜检亚麻锈病菌制备片，镜检观察，冬孢子无柄，单细胞，整齐排列成单层，多生在表皮下。

5. 多胞锈菌属（*Phragmidium*）

观察玫瑰锈病（*P. rosaemultiflorae*）标本，镜检其制备片，镜检冬孢子，冬孢子单生，具长柄，大而显著，柄的下部膨大，三至多细胞，表面光滑或有瘤状突起。

（二）黑粉菌目（Ustilaginales）

黑粉菌目菌物大多为高等植物专性寄生菌，少数为腐生菌，共同特征是在病部形成黑粉状物，担子上无小梗，担孢子为定孢子，成熟后不能强力弹射。

1. 黑粉菌属（*Ustilago*）

观察小麦散黑穗病（*U. tritici*）标本，观察发病部位有何特点，穗部后期是否只剩穗轴，镜检冬孢子特点，冬孢子堆粉状，彼此分离，冬孢子表面光滑或有纹饰。

2. 轴黑粉菌属（*Sphacelotheca*）

观察高粱散粒黑穗病（*S. crueuta*）半永久玻片及标本，观察冬孢子特点，冬孢子堆粉状，彼此分离，孢子堆中间有由寄主维管束残余组织形成的中柱，冬孢子表面光滑或有纹饰。

3. 腥黑粉菌属（*Tilletia*）

观察小麦网腥黑粉菌（*T. caries*）及小麦光腥黑粉菌（*T. foetida*），观察冬孢子的大小、形状、颜色等，冬孢子表面常有网状或瘤状纹饰，少数种光滑。

4. 条黑粉菌属（*Urocystis*）

观察小麦秆黑粉病（*U. tritici*）标本，观察发病部位是叶片、茎秆、叶鞘还是穗部，镜检冬孢子团和不孕细胞，冬孢子聚集成团，1～3 个孢子成团，坚固而不易分离，冬孢子团外有无色不孕细胞包围褐色冬孢子。

五、作业及思考题

1.绘制本次实验中所观察到的黑粉菌目任意3个属的病原图。

2.绘制苹果锈病、玫瑰锈病和亚麻锈病的冬孢子病原图，以及菜豆锈病、麦类秆锈病的冬孢子和夏孢子病原图。

3.本次实验在桧柏上看到的是苹果锈病的什么孢子？该菌有没有夏孢子阶段？

实验八　半知菌类菌物形态观察

一、实验目的

本次实验的主要目的是熟悉半知菌的形态特征和分类概况，熟悉半知菌所致病害的基本症状，为今后半知菌的分类和病害鉴定打下良好的基础。

二、基本原理

半知菌类菌物称半知菌，是一类有性阶段尚未发现，或者没有有性阶段的菌物，半知菌无性阶段非常发达，主要依靠无性阶段产生各种各样的分生孢子来延续其种群，半知菌的形态差异很大，它所引起的植物病害种类也很多，症状十分复杂。

三、实验材料与用具

有关病原切片，有关病害症状标本，显微镜，载玻片，盖玻片，蒸馏水，拨针等。

四、实验步骤

（一）丝孢纲（Hyphomycetes）

丝孢纲菌物的特点是分生孢子不产生在分生孢子盘或分生孢子器内。该纲分为四个目，与植物病害有关的主要在丝孢目中。

丝孢目（Moniliales）

该目菌物的主要分类特征是分生孢子梗散生或丛生在基质的表面。

（1）葡萄孢属（*Botrytis*）：观察番茄灰霉病（*B. cinerea*）标本，注意腐烂状及被害部位的灰色霉状物，镜检注意分生孢子梗及分生孢子着生情况，菌落颜色。

（2）链格孢属（交链孢属 *Alternaria*）：观察马铃薯早疫病（*A. solani*）标本，注意症状特点，病斑上是否形成同心轮纹？镜检分生孢子梗和分生孢子的形态，有无颜色？分生孢子是否有纵横隔膜？孢子顶端是否有喙状细胞？

(3)平脐蠕孢属(*Bipolaris*)：观察玉米小斑病(*B. maydis*)标本，注意症状特点，镜检分生孢子梗和分生孢子的形态，分生孢子长梭形，直或弯曲，深褐色，具假隔膜，脐点略突起，基部平截。

(4)突脐蠕孢属(*Exserohilum*)：观察玉米大斑病(*E. turcicum*)标本，注意症状特点，镜检分生孢子梗和分生孢子的形态，分生孢子梭形、圆筒形或纺锤形，榄褐色，具假隔膜，脐点明显突出于基细胞外。

(二)腔孢纲(Coelomycetes)

腔孢纲菌物也是一类很重要的植物病原物，这类菌物的特征是分生孢子产生在分生孢子盘或分生孢子器内。该纲分为两个目：分生孢子产生在分生孢子盘内的黑盘孢目(Melanconiales)和分生孢子产生在分生孢子器内的球壳孢目(Sphaeropsidales)。

1. 黑盘孢目(Melanconiales)

(1)炭疽菌属(*Colletotrichum*)：取苹果炭疽病(*C. gloeosporioides*)标本，观察症状特点，注意受害部位，病斑形状，是否凹陷，是否产生小黑点。镜检苹果炭疽病菌制备片，注意分生孢子盘产生在寄主表皮，有时生有褐色具分隔的刚毛，分生孢子梗无色至褐色，分生孢子无色单胞。

(2)盘二孢属(*Marssonina*)：观察苹果褐斑病(*M. mali*)标本，注意观察症状特点。镜检苹果褐斑病菌制备片，注意分生孢子盘极小，分生孢子卵圆形或椭圆形，无色，双细胞不等大，分隔处缢缩。

2. 球壳孢目(Sphaeropsidales)

该目是半知菌中较大的目之一，与植物病害的关系也比较密切，根据分生孢子器器壁颜色、质地以及分生孢子的形状，该目分为四个科，其中重要的球壳孢科有若干属。

(1)壳囊孢属(*Cytospora*)：观察苹果树腐烂病(*C. mandshurica*)标本，注意发生部位和症状特点，用刀切取带小黑点的病皮制片，镜检分生孢子器及器孢子的形态，注意分生孢子器着生在瘤状子座组织中，分生孢子器腔不规则地分为数室，分生孢子梗极细，不分枝，分生孢子香蕉形或腊肠形等特点。

(2)壳针孢属(*Septoria*)：取芹菜斑枯病(*S. apii*)标本，观察症状特点，镜检芹菜斑枯病菌制备片，或取带小黑点的芹菜斑枯病的病叶自制临时玻片，镜检分生孢子器的器孢子形态，注意器孢子针形、线形或细长筒形，多细胞，无色。

五、作业及思考题

1.绘制芹菜斑枯病、苹果炭疽病、马铃薯早疫病、番茄灰霉病和玉米大、小斑病的病原形态图。

2.为什么说半知菌类和子囊菌门菌物关系极为密切？试从营养体、繁殖体形态以及为害植物的症状特点等方面加以分析。

实验九　细菌的培养法

一、实验目的

1. 学习和掌握细菌分离和培养的各种基本技术。
2. 进一步熟悉和掌握微生物的无菌操作技术。

二、基本原理

一般细菌均可用人工方法进行培养，使其生长繁殖，以便进一步观察和研究它们的各种理化特性。为了获得良好的细菌培养物，在分离培养细菌时，除采用适宜的培养基并考虑到其他的培养条件之外，掌握各种分离培养和接种的基本技术，也是重要环节。在土壤、水、空气以及人和动植物体中，不同种类的细菌混杂生活在一起。若要研究其中某种细菌，就必须先将各种细菌进行分离，以得到只含有这一种细菌的纯培养。分离培养细菌的方法有多种，平板划线法即是其中之一。该法主要是借划线而将混杂的细菌在琼脂平板表面分散开，使单个细菌能固定在某一点，生长繁殖后形成单菌落，以达到分离纯种的目的。

当细菌分离成纯种后，常需要接种到有关的培养基中，以测试其各种生物学性状。一般可用斜面、液体和半固体培养基来检验细菌的培养特征，因此接种方法可相应分为以下三种。

斜面培养基接种法常用于细菌的大量繁殖，保存菌种，或观察其某些生化特性。琼脂斜面、尿素培养基、双糖铁培养基、柠檬酸盐培养基等具有斜面外形的固体培养基均可用此法接种。

液体培养基接种法可用于观察细菌不同的生长状况，有的呈均匀混浊，有的呈沉淀生长，还有的在液体表面形成菌膜；另外还可以供测定细菌生化特性之用。

穿刺接种法常用于半固体琼脂培养基、醋酸铅培养基、双糖铁培养基等的接种，前者用于测定细菌的动力，后二者则用于观察细菌的生化反应。

三、实验材料与用具

(1)菌种和培养基:见表 9-1。

表 9-1　菌种和培养基

项目	平板划线接种法	斜面培养基接种法	液体培养基接种法	穿刺接种法
菌种	葡萄球菌和大肠杆菌的混合菌液	大肠杆菌培养物	大肠杆菌培养物 枯草杆菌培养物	变形杆菌培养物 痢疾杆菌培养物
培养基*	普通琼脂平板	琼脂斜面培养基	普通肉汤培养基	半固体琼脂培养基

* 各培养基的组成及配制方法参见书后附录七。

(2)其他:接种环、接种针、酒精灯、记号笔、试管架等。

四、实验步骤

(一)平板划线接种法

(1)标记:在培养皿底部用记号笔标记接种的菌名,接种者姓名、班级,接种日期等。

(2)接种环灭菌(图 9-1):点燃酒精灯,右手以持笔式握持接种环并置于外焰烧灼灭菌,先将接种环的接种丝部分置于外焰,待金属丝烧红并蔓延至金属环端,再直接烧灼金属环直至烧红,然后由金属环至金属杆方向快速通过火焰,随后再反方向通过火焰,如此 2～3 次。然后将接种环移开火焰,待其冷却。**注意:接种环不能距离火焰过远,一般应在距火焰 10 cm 范围之内(视此范围为无菌环境);灭菌后的接种环不能再碰及他物。**

(3)取菌种:左手持装有葡萄球菌和大肠杆菌混合菌液的试管,用持有接种环的右手手掌及小指拔取试管棉塞,将试管管口迅速通过火焰 2～3 次进行灭菌。

将已灭菌且已冷却的接种环伸入菌种管中,取一接种环的混合菌液,然后退出菌种管。将菌种管管口再次通过火焰 2～3 次灭菌,塞好棉塞,放至原来的位置。

(4)分离划线接种细菌(图 9-2):左手持琼脂平板培养基(将皿盖反放在桌上酒精灯附近),尽量使之直立以免空气中的细菌落入其中,并靠近火焰。右手持接种环在琼脂平板上端来回划线,涂成一细菌薄膜(约占平板面的 1/10),视为一区。划线时使接种环与平板面呈 30°～40°角,以腕力在平板表面行轻而快地来回滑动动作。切记,接种环不应嵌进培养基内,避免将琼脂表面戳破。旋转琼脂平板

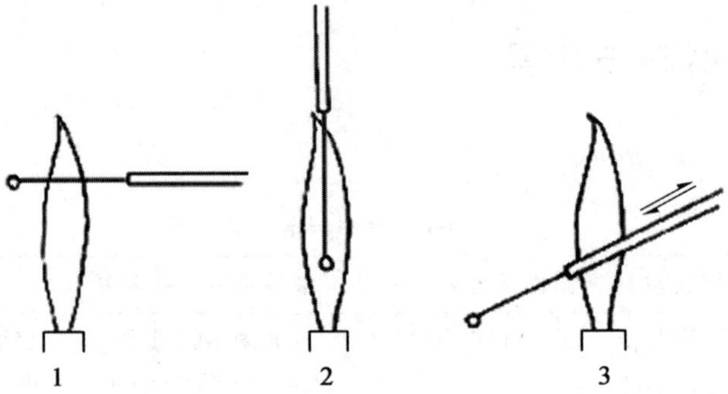

图 9-1 接种环的灭菌操作

90°。烧灼接种环，以杀灭环上的残留细菌，将接种环触及培养基表面以使其冷却。灭菌接种环通过薄膜处作连续平行划线（约占平板面的 1/5），此为二区。注意接种环只通过一区 1～2 次，以获取薄膜处少量的细菌。

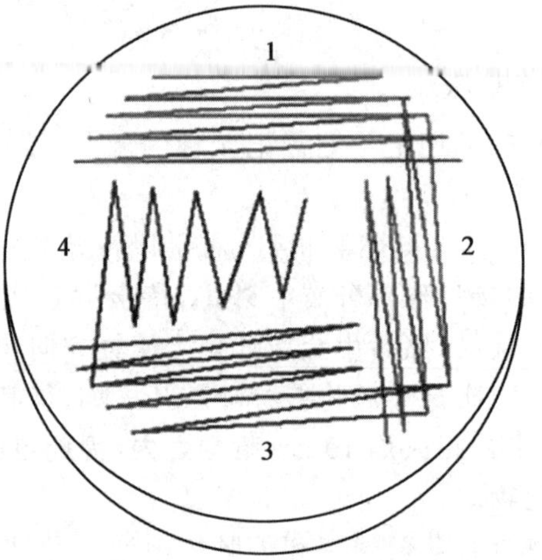

图 9-2 四区划线接种法

旋转琼脂平板 90°。烧灼接种环灭菌并使之冷却。将灭菌接种环接二区连续平行划线（约占平板面的 1/4），此为三区。接种环只通过二区 1～2 次，以获得少量细菌。

旋转琼脂平板 90°。接种环不必再灭菌，接三区连续平行划线，划满其余部分，此为四区。

注意各区接种线间尽量互不交接,以达到细菌逐渐稀释的目的。

(5)培养:划线完毕,将琼脂平板放进皿盖,将培养皿倒放(这样可避免培养过程中凝结水自皿盖滴下,冲散菌落),送入37℃温箱培养。

(6)观察:培养18～24 h后将培养皿取出。观察琼脂平板表面生长的各种菌落,注意其大小、形状、边缘、表面结构、透明度、颜色等性状。

(二)斜面培养基接种法

(1)用记号笔在待接种培养管上写明标记。

(2)点燃酒精灯,左手拇指、食指及中指、无名指分别握持菌种管与待接种的试管,使菌种管位于左侧,斜面部均向上,勿呈水平,以免凝结水浸润培养基表面,甚至沾湿棉塞。

(3)以右手拇指和食指捏持转动两管棉塞,以便在接种时易于拔取。

(4)右手持接种环,在火焰上烧灼灭菌。

(5)以右手手掌及小指,小指及无名指分别拔取并夹持两管棉塞,将两管管口灭菌。

(6)将已灭菌且已冷却的接种环伸入菌种管内,从斜面上轻轻挑取少量菌苔退出菌种管(**注意:一要防止取菌过多;二要防止弄破培养基表面**)。再伸进待接种的培养基管,进行斜面培养基接种,从斜面底部轻轻向顶端弯曲划线,不要触破培养基表面。沾有细菌的接种环进出试管时不应触及试管内壁和试管口。

(7)接种完毕,灭菌两试管的管口,塞好棉塞,并放至原来的位置上。重新烧灼接种环,灭菌后放回试管架上。接种好的试管放37℃温箱培养,18～24 h后观察生长情况。

(三)液体培养基接种法

(1)用记号笔在待接种培养基上写明标记。

(2)如斜面培养基的接种方法一样,握持菌种管及待接种的肉汤管。

(3)接种环灭菌冷却后,伸入菌种管取少量细菌再伸入肉汤管内,在接近液面管壁处轻轻研磨,蘸取少量肉汤调和,使菌混于肉汤中(图9-3)。塞好试管棉塞后,摇动液体,使细菌在液体中均匀分布。

(4)接种完毕,将接种环灭菌后放回试管架上。37℃温箱培养,18～24 h后观察生长情况。

(四)穿刺接种法

(1)用记号笔在待接种培养基上写明标记。

(2)如斜面培养基接种法一样,握持菌种管及待接种的半固体琼脂培养基。

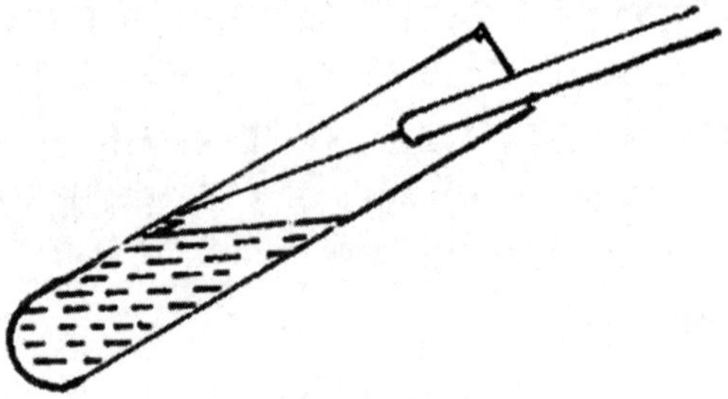

图 9-3 液体培养基接种法

(3)右手持接种针，灭菌冷却后，以针挑取菌苔，垂直刺入半固体琼脂培养基的中心，刺达近管底部(图 9-4)，但不必及于管底，然后循原路退出。

(4)接种完毕，塞好棉塞，37℃培养，18～24 h 后取出观察细菌的生长情况。

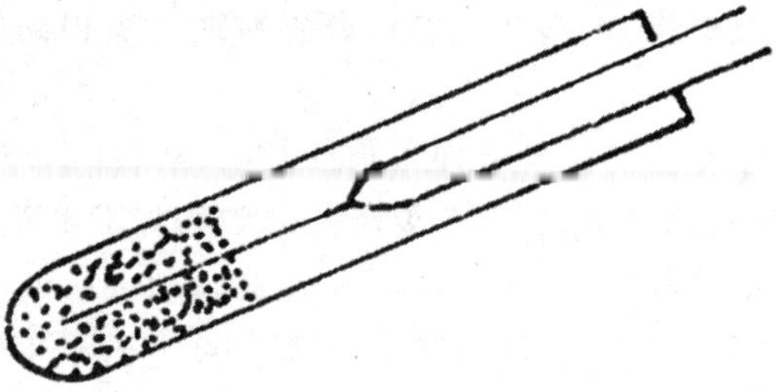

图 9-4 穿刺接种法

五、思考题

1. 分析实验中 4 种接种方法的适用范围。
2. 为什么用移置环从试管上层挑取菌悬液？

实验十　常见的植物病原细菌及其所致病害症状观察

一、实验目的

细菌是引起植物病害的又一类重要的病原生物，但因其个体微小，形态差异不够明显，所致病害症状复杂，给细菌病害的研究带来一定的困难。通过本次实验，掌握植物细菌病害分类鉴定的实验技术，熟悉植物细菌病害症状类型、基本形态，为以后植物细菌病害的正确诊断和病原细菌的分类鉴定打下良好的基础。

二、基本原理

植物细菌病害的诊断和病原鉴定是比较复杂的，初步诊断是根据症状特点和显微镜检查病组织中的细菌来完成的。细菌病害，绝大多数能在受害部位的维管束或薄壁细胞组织中产生大量的细菌，并且吸水后形成菌溢，因此，镜检病组织中有无细菌的大量存在（菌溢的出现）是诊断细菌病害简单易行的方法。

三、实验材料与用具

水稻白叶枯病菌（*Xanthomonas oryzae*），马铃薯环腐病菌（*Clavibacter sepedonicum*），白菜软腐病菌（*Erwinia carotovora*），茄青枯病菌（*Burkholderia solanacearum*）；显微镜，载玻片，盖玻片，蒸馏水，拨针，草酸铵结晶紫，碘液，复红乙醇，香柏油，擦镜纸。

四、实验步骤

（一）植物细菌病害的症状观察

植物细菌病害的症状常作为鉴定属的一种辅助性状，即症状类型和病原属之间有一定的相关性，如棒杆菌属的细菌主要引起萎蔫症状；假单胞杆菌属主要引起叶斑、腐烂和萎蔫症状；黄单胞杆菌属主要引起叶斑和叶枯症状；欧氏菌属一般引起软腐，有时也引起萎蔫。此外，多数细菌病害在发病初期，特别在潮湿的自然条件下常呈水渍状或油渍状；在饱和湿度下病斑上常有菌脓形成，干后成为菌痂，对细菌病害的正确诊断是十分重要的。

(二)植物细菌病害的简易诊断

取水稻白叶枯病新病叶，在病健交界处剪取 2 mm×2 mm 的小块病组织，放在载玻片上，滴加一滴蒸馏水，盖好盖玻片后，立即在显微镜下观察，注意叶组织维管束剪断处是否有大量的细菌呈云雾状溢出。

(三)植物病原细菌形态观察和种类鉴定

细菌个体很小，无论形态观察还是种类鉴定，都须经染色后才能在显微镜下观察清楚。

1. 培养性状观察

取培养皿中培养的水稻白叶枯病菌（*X. oryzae*）、马铃薯环腐病菌（*C. sepedonicum*）、茄青枯病菌（*B. solanacearum*）和白菜软腐病菌（*E. carotovora*）等，注意观察菌落的颜色、大小、质地，是否产生荧光色素等，各培养菌落有什么根本性的不同？

2. 革兰氏染色反应

供试菌种：马铃薯环腐病菌（*C. sepedonicum*）和白菜软腐病菌（*E. carotovora*）。

操作步骤：

(1)结晶紫染色：制作上述细菌的涂片，在涂片上加草酸铵结晶紫液（加量以覆盖菌膜为度），染 1～2 min，水洗并除尽水滴。

(2)媒染：在上述涂片上滴加碘液，染 1～2 min，水洗，除尽水滴。

(3)复染和脱色：在上述涂片上，滴加复红乙醇溶液，维持 1 min，水洗，用吸水纸轻轻吸干。

(4)镜检：阳性反应的细菌染成紫色，阴性反应的染成红色，注意涂片菌液不能太浓，其次褪色要彻底，否则是红是紫不易区分。

五、思考题

1. 植物细菌病害在症状鉴定方法和防治方面与植物菌物病害有什么不同？为什么？

2. 试分析影响革兰氏染色成功与失败的关键因素。

实验十一　常见植物病毒传染性观察与稳定性测定

一、实验目的

本实验的目的是识别植物病毒病的病状类型及特点，了解病毒的一般性质，学习病毒病害的鉴定方法及其原理。

二、基本原理

由于病毒甚为微小，在普通显微镜下看不到，也不能在一般培养基上培养，所以通常只能靠病状的表现及病毒的属性进行诊断和鉴定。在某些植物的病组织中，在一定时间内，尚能发生特殊的内含体，也可作为鉴定上的参考。

三、实验材料与用具

感染烟草花叶病毒（TMV）的烟草花叶病株，普通烟草，无毒桃蚜等；水浴锅，试管，无毒研钵，毛笔等。

四、实验步骤

（一）植物病毒的传染性观察

传染途径是病毒的鉴定性状，也是防治的重要依据，植物病毒可以通过多种途径进行传染，植物病毒的接种方法与它的传染途径有关。

1. 机械传染

机械传染是指病毒从植物表面的机械损伤侵入，引起植物发病。机械传染病毒的接种方法，一般是将病株汁液在叶面摩擦，所以又称“汁液传染”或“汁液摩擦传染”。具体操作步骤如下：先用肥皂将手彻底洗净，取烟草花叶病毒病的病叶，用清水洗净，放入研钵中，磨碎挤出汁液。选择生长健壮具有 4～5 个叶片的烟草植株作为接种寄主，每株接 2～3 个叶片。接种时先用清水冲洗待接种叶片，晾干后再撒上少许金刚砂(600 目)或硅藻土，以左手托着叶片，用右手食指蘸取少量病毒汁液，在接种叶片上轻轻摩擦，要求仅使叶片表皮细胞造成微伤口而不死亡，接种后用清水洗去接种叶片上的残留汁液，将接种的植株放在防虫的温室或纱笼中，在 20～25℃条件下培养，7～14 d 内随时注意观察其发病情况。

2. 蚜虫传染

用毛笔取无毒蚜虫 30 头放入无毒的培养皿内，饥饿 1～2 h。将经过饥饿的蚜虫重新用毛笔取出，挑到有病毒的病叶上喂饲 10 min，每株 5 头蚜虫，取食 24 h 后，用药杀死蚜虫(饲毒)。用无毒蚜直接接种到健苗上做对照。继续培养 2～3 周后观察接种烟叶发病情况，记录结果。

(二)植物病毒的稳定性测定

病毒的稳定性包括钝化温度、稀释限点及体外保毒期三项指标。由于完成体外保毒期的实验需要 2 个月左右的时间，本实验中不做介绍。

1. 钝化温度(thermal inactivation point，TIP)

钝化温度：处理 10 min 使病毒丧失活性的最低温度，用摄氏温度表示。

(1)取烟草花叶病毒病的病叶数片，用清水洗净，放于消毒研钵中磨碎，挤出其汁液。

(2)取 4 个薄壁的灭菌试管，用灭菌吸管吸取病毒汁液 1 mL，分别置于试管中，注意勿将汁液溅在试管壁上。

(3)将上述试管分别标明处理温度为 70℃、80℃、90℃、100℃，分别放入相应温度的水浴锅中处理 10 min，然后取出放在冷水中冷却。

(4)将上述处理后的病毒汁液，分别倒入消毒培养皿中，按汁液接种法分别接种在烟草上，观察其是否具有侵染力。

2. 稀释限点(dilution end point，DEP)

稀释限点：保持病毒侵染力的最高稀释度，反映病毒的体外稳定性和侵染能力。

(1)取 5 支灭菌的试管放在试管架上，每管分别加入 9 mL 蒸馏水。

(2)在第一支试管中加入未经稀释的病株汁液 1 mL，混配均匀，得到 1/10 浓度的病毒汁液，再从 1/10 浓度的病毒汁液中，吸取 1 mL 加入第二支试管，混合均匀，得到 1/100 浓度的病毒汁液，然后再依次稀释为 1/1 000、1/10 000、1/100 000 浓度的病毒汁液。

(3)将稀释后的病毒汁液分别倒入消毒培养皿中，按汁液接种法分别接种到烟草上，观察其是否具有侵染力。

病毒的三项常规抗性鉴定方法中，除钝化温度比较稳定外，稀释限点和体外保毒期仅对病毒的鉴定具有一定的参考价值。

五、思考题

病毒和细菌、菌物的鉴定方法有什么不同？为什么？

实验十二　植物病原线虫及其所致病害症状观察

一、实验目的

本实验的目的是熟悉植物病原线虫的基本形态及其所致病害的症状特点，学习鉴定主要植物病原线虫的方法。

二、基本原理

线虫是一种低等无脊椎动物，在自然界中分布广泛、种类繁多、形态各异；寄生在植物上的线虫，从某些种类和造成的经济损失上看，仅次于菌物、细菌和病毒，而且常与其他病原物一起造成复合侵染。植物受线虫危害后表现的症状与一般的病害症状相似，因此称为线虫病。近年来，线虫病害发生日趋严重，所以线虫的研究愈来愈受到人们的重视。

三、实验材料与用具

有关病原切片，有关病害症状标本，显微镜，载玻片，盖玻片，蒸馏水，拨针等。

四、实验步骤

(一)植物线虫病害症状类型观察

植物受线虫为害后，除和菌物、细菌、病毒等病原物引起的相似症状，也有其特有症状与之相区别，线虫多在地下活动，根部受害比较多见。根部受害的症状，有的根生长点受破坏而停止生长或卷曲，有的根上形成瘤肿或过度分枝而形成发根或须根团；地上部生长受到影响时表现为植株矮缩，色泽失常和早衰，顶芽和花芽坏死，茎叶卷曲或组织坏死，形成叶瘿或种瘿等，严重时整株枯死。

植物病原线虫不同属所致症状也有一定的区别，根结线虫属(*Meloidogyne*)

和胞囊线虫属(异皮线虫属 *Heterodera*)所致病害地上部一般无特异症状,仅表现生长不良、植株萎黄,地下部须根明显增多,往往形成须根团;根结线虫刺激根部肿胀形成根结,而胞囊线虫则不形成根结,但可直接看见附着根侧的雌虫体;粒线虫属(*Anguina*)为害地上部分,使茎叶扭曲,穗部变形,籽粒变为虫瘿;茎线虫属(*Ditylenchus*)主要为害地下部分,使块根、块茎、鳞茎呈干腐状或湿腐状,地上只略见茎叶呈波状卷曲、发育迟缓等;而滑刃线虫属(*Aphelenchoides*)为害叶片和芽而引起局部干枯坏死等。

观察小麦粒线虫病(*Anguina tritici*)标本、甘薯茎线虫病(*Ditylenchus dipsaci*)标本、大豆胞囊线虫病(*Heterodera glycines*)标本、甘薯根结线虫病(*Meloidogyne incognita*)标本,注意症状特点。

(二)植物线虫分类及主要属形态观察

关于线虫分类地位,以前放在线形动物门(Nematomorpha)的线虫纲(Nematoda)中,但多数学者主张单设线虫门(Nematoda),这种观点已被接纳。根据线虫尾部侧面感觉孔——侧尾腺口的有无,线虫门分为侧尾腺纲(Secernentea)和无侧尾腺纲(Adenophorea)两个纲,植物寄生线虫绝大多数在侧尾腺纲中,其中主要是垫刃目(Tylenchida)的线虫对植物有致病性,特别是该目中垫刃总科(Tylenchoidea)和滑刃总科(Aphelenchoidea)中的一些线虫,下面介绍 4 个重要属。

1. 粒线虫属(*Anguina*)

切取浸泡的小麦粒线虫病虫瘿制片镜检,注意观察虫体形态,雌成虫虫体呈肥胖卷曲状,颈部缢缩,肛门孔退化,雄成虫虫体细长,略弯,交合伞包至尾尖。

2. 茎线虫属(*Ditylenchus*)

挑取甘薯茎线虫病病组织制片镜检雌雄虫体形态,注意雌虫阴门位置,雄虫交合伞不包至尾尖,交合刺基部变宽并有突起等特点。

3. 胞囊线虫属(*Heterodera*)

取漂浮器分离到大豆胞囊线虫的胞囊在解剖镜下观察形状、颜色,区分头尾部,然后在低倍显微镜下压破胞囊(或取制备片)镜检卵或 2 龄幼虫的形态。

4. 根结线虫属(*Meloidogyne*)

镜检甘薯根结线虫病制备片,雌雄成虫的形态和胞囊线虫属有何不同? 虫卵产于何处?

五、作业及思考题

1. 绘小麦粒线虫和大豆胞囊线虫形态图。

2. 植物寄生线虫为害植物可引起哪些特殊的症状？为什么将植物寄生线虫当作重要的病原生物看待？

3. 植物病原线虫包括哪些重要类群？这些类群是怎样划分的？

实验十三　植物病原线虫的分离

一、实验目的

了解从土壤和植物组织中分离线虫的基本原理，掌握从土壤和植物组织中分离线虫的常用方法。

二、基本原理

植物寄生线虫主要存在于土壤和植物组织中，分离线虫的方法有许多，要根据线虫的种类、研究目的等来选择适宜的方法。植物寄生线虫的个体很小，除极少数可从植物组织中直接挑出以外，绝大多数需借助特定的工具和方法才能分离。线虫的分离主要是利用它的趋水性、大小、比重以及与其他杂质的差异，采用过筛、离心、漂浮等措施，将线虫从植物组织、土壤中分离出来。

三、实验材料与用具

感染根结线虫病的植物病根、病土，感染大豆胞囊线虫或其他胞囊线虫的病土等；解剖镜，漏斗分离装置，浅盘分离装置，纱布或铜纱，计数皿或平皿，小烧杯，小玻管，旋盖玻璃瓶，10 目(对应孔径 2.000 mm)、25 目(对应孔径 0.710 mm)、40 目(对应孔径 0.425 mm)、325 目(对应孔径 0.040 mm)、400 目(对应孔径 0.038 mm)网筛，线虫滤纸，餐巾纸，挑针，竹针，毛针，毛笔，线虫固定液等。

四、实验步骤

(一)直接观察分离

对于个体较大的线虫如根结线虫、胞囊线虫、粒线虫的雌虫等，可直接用挑针从植物组织中挑取，也可在解剖镜或放大镜观察下直接挑取，对于虫体稍小的线虫如茎线虫、粒线虫的雄虫和幼虫等，需在解剖镜下，用竹针或毛针直接挑取。

取感染根结线虫的植物病根材料(若是干材料需用水浸泡过夜),剥开皮层,观察里面是否有针头大小、乳白色发亮的颗粒状物。用挑针挑取,置凹玻片上水滴中,在解剖镜或显微镜下观察是否为根结线虫雌虫。

(二)漏斗分离法

该方法操作简单,是目前从植物材料中分离线虫较好的方法。其装置是将直径 10～15 cm 的玻璃漏斗架在铁架上,下面接一段长约 10 cm 的橡皮管,橡皮管下端装一个弹簧夹。

(1)将植物材料切碎用双层纱布包好,浸在盛满清水的漏斗中,或在漏斗内衬放一个用细铜纱制成的漏斗状网筛,将植物材料直接放在网筛中,分离土壤线虫时需在网筛上放一层纱布或多孔疏松的纸,上面加一层土样。

(2)加水,静置 24 h。

提示　由于趋水性和自身的重量,线虫离开植物组织或土壤,沉降到漏斗底部的橡皮管中。

(3)打开弹簧夹,慢慢放出底部约 5 mL 水样于平皿内。

(4)在解剖镜下观察分离到的线虫。若线虫数量太少,可将水样倒入离心管中,1 500 r/min 离心 3 min,倒掉上层清水,将下层沉淀物悬浮后倒入平皿或计数皿中,在解剖镜下观察计数,然后将线虫用毛针或毛笔挑入盛有固定液的小玻璃管中备用。

提示　该方法也可用于分离土壤中的线虫,尤其是分离较为活跃的线虫。

(三)培育分离法

对于用漏斗分离法不易分离到的线虫,如根结线虫和胞囊线虫的雄性成虫等,可采用培育分离法。

将病根采回后洗去表面土粒,放在培养皿中湿润的滤纸上培育 3 d,用少量清水冲洗组织和皿底,检查水中线虫。或将组织放在有螺旋盖的玻瓶中,加入几毫升清水,盖不要旋紧,在室温(20～25℃)下培育 3 d,然后加 50 mL 清水,盖紧盖子并轻轻振荡,后倒出悬浮液使其顺序通过 40 目和 325 目网筛,用小水流轻轻冲洗 325 目网筛背面,收集到计数皿或烧杯中,直接检查或离心后检查。

提示　从土壤中得到病根后要马上冲洗和培育,因为 24 h 后,有 50% 的线虫会从根里爬出,冲洗时便被冲掉了。

(四)浅盘分离法

该方法原理与漏斗分离法一样,但分离效果更好,而且泥沙等杂物较少。将两个不锈钢浅盘套放在一起,上面一个是筛盘,它的底部是筛网,网目大小为 10 目,筛盘高度为 2.5 cm，下面一个是稍大的盛水盘。也可在培养皿上放置一个稍小的做成浅盘状的金属网，网与培养皿底部保持一定距离。

分离时将线虫滤纸放在网上用水淋湿，上面再放一层餐巾纸，将要分离的土样或植物材料放在餐巾纸上，在两盘之间缝隙中加水，淹没土样或植物材料，在室温(20～25℃)下保持 3 d，去掉筛网后，将下面浅盘中的水样过筛(上层为 25 目，下层为 400 目)，将下层筛上的线虫用小水流冲洗到计数皿中，观察计数。

五、思考题

比较各种线虫分离方法的优缺点。

实验十四　寄生性种子植物及其所致病害症状观察

一、实验目的

通过本次实验学会识别常见的寄生性植物种类，了解不同寄生性种子植物的寄生方式和特点。

二、基本原理

寄生性种子植物由于缺少叶绿素或器官退化，靠寄生在其他种子植物上生活，因此也成了植物的病原物，这类病原物种类不多，生产上比较重要的有菟丝子和列当，列当同时也是重要的植物检疫对象；从寄生部位分，菟丝子属茎部寄生，列当属根寄生。

三、实验材料与用具

各主要寄生植物的寄生状态及形态（幻灯片及标本）；显微镜，放大镜，切片工具，玻片等。

四、实验步骤

1. 观察半寄生（水寄生）植物的形态特征和寄生结构

（1）桑寄生属（*Loranthus*）：绿色植物。观察寄生植物的匍匐茎和吸盘，从受害寄主茎部的剖面，观察寄生植物侵入寄主的情况，能看到假根和次生吸根否？桑寄生属植物可作为中草药，有利尿等作用。

桑寄生（*L. parasitica*）叶片两面光滑，果实红色。

樟寄生（*L. yadoriki*）叶背密生星状短毛，果实黄色。

（2）槲寄生属（*Viscum*）：常绿性植物，无主茎，呈二叉分枝，叶片卵圆形对生。

在我国危害较严重的有两种，大多在云南、贵州、广西和广东等地。

2. 观察全寄生植物的形态特征和寄生结构

(1)菟丝子属(*Cuscuta*)：寄生在大豆上的菟丝子(*C. chinensis*)的茎呈什么颜色？菟丝子的吸根固着在寄主茎的表面，吸根是什么形状？在显微镜下观察被菟丝子寄生的大豆茎的横切面(切片)，观察形态和解剖结构。注意寄生物与寄生的导管和筛管相连部位的结构情况。

(2)列当属(*Orobanche*)：列当的花冠是唇形的，果实是蒴果，种子很小。观察为害瓜类的埃及列当(*O. aegyptica*)或向日葵列当(*O. cumana*)的标本，注意形态特征。

五、作业及思考题

1. 比较观察到的寄生性种子植物的形态特征及寄生性。
2. 寄生性种子植物怎样传播扩散？被寄生的寄主植物会不会枯死？为什么？
3. 绘菟丝子寄生大豆的吸根的形态解剖图。

实验十五　病害田间调查

一、实验目的

1. 识别田间发生的重要农作物主要病害的症状特点，了解发病条件和危害程度。

2. 掌握植物病害调查的一般方法。

3. 初步了解植物病害标本的采集及制作。

二、基本原理

植物病害是寄主植物同病原物在环境条件的作用下，相互作用而产生的。它随着病害三因素（病原物、寄主和环境）以及人的影响而发生变化。它的症状及空间分布也随着时间的变化而变化。通过在田间、温室、大棚系统观察，认识病害发生的条件以及病害症状的特点，从而对它的实质有所了解。

三、实验材料与用具

放大镜，标本采集夹，采集箱，标本签，记载本等。

四、实验步骤

由教师先介绍一种农作物当前的病害发生概况，并介绍该农作物上的各种病害的症状特点，随后，调查该农作物上不同病害的发病情况。农作物发病情况的调查结果常用发病率和病情指数来表示，具体公式如下：

$$\text{发病率}=\frac{\text{发病株(叶)数}}{\text{调查总株(叶)数}}\times 100\%$$

$$\text{病情指数}=\frac{\sum(\text{各级发病数}\times\text{各代表级别})}{\text{调查总株数}\times\text{最高级别代表值}}\times 100$$

经过一般调查发现的重要病害，可作为重点调查的对象，深入了解它的分布、发病率、损失、环境影响和防治效果等。重点调查的次数要多一些，发病率的计算也要求比较准确。比较深入的重点调查，调查项目的设置可以参考表15-1。

表 15-1　作物病害调查记载

调查地点		调查日期		调查人	
作物名称		种子来源		病害名称	
发病率		病情指数		其他重要病虫害	
土壤性质和肥沃度		土壤湿度		灌溉和排水情况	
耕作栽培情况		气候条件		防治方法	
防治效果		农民经验			

在病害调查中应采集典型症状的发病材料制作标本，以备后期在实验室开展进一步的病原菌鉴定。要求所采集的标本能表现出植物病害的特征，注意采集各种病害不同症状的表现。对不认识的寄主植物一定要采集其花、果以备鉴定。采集时注意既要看植物有无反常病态表现，又要具有病征的特点；应按发病器官进行采集，切勿采集整株植物。每采完一种病害后要及时进行编号登记，按采集顺序给标本编采集号。采集签按项目填写(表 15-2)。

表 15-2　采集签

采集号		采集日期	
采集地		海拔	
寄主名称		病害名称	
症状特点		受害程度及分布	
病原菌		采集人	

标本制作：采集的标本要经过压制，使其平展和迅速干燥，以尽可能保持自然的色泽和形状，干燥的标本才能永久保存成为有价值的材料。压制前对标本修剪整形，勿使过大或过小。然后在标本纸中保持自然状态，加压、吸水干燥。每天至少换干纸一次，高湿条件下或所采集的为多汁标本，每日应换两次。初次换纸时应注意进行整形，三五日后标本稍干可隔日换纸翻压，直至干燥。

五、作业

1. 根据田间观察整理出重要农作物(小麦、玉米和油菜)病害的名录(病害名称、寄主植物、症状特点、发病条件、发生过程以及发生程度等)。

2. 在校园及周边调查2种以上病害,并统计其发病率及病情指数。

实验十六　植物病理标本的采集和制作

一、实验目的

通过本次标本采集和制作实践实习，学习标本采集和制作的常用方法。

二、基本原理

植物病害标本是植物病害及其分布的实物性记载，有了标本即可在室外观察的基础上，开展室内各方面的研究工作，特别是病害诊断和病原物的分类鉴定工作，没有合格的标本将无从做起，因此，病害标本的采集和制作是植物病理学研究和实验的最基础工作，标本采集和制作技术是植物保护工作者必须掌握的基本技术之一。

三、实验材料与用具

高枝剪（图 16-1A）、标本夹（图 16-1B）、标本纸、采集箱（图 16-1C）、采集袋子、手剪（枝剪）、锯和撅铲（挖掘工具）等。

四、实验步骤

（一）标本的采集

1. 方法

集中采集（结合 7 月份教学实习进行）和平时田间活动随时分散采集相结合的方法进行，六人分作一组，常年活动。

2. 要求

为提高标本的使用价值，对所采标本特提出如下要求。

（1）症状应具典型性，有的病害还应有不同阶段的典型症状，如小麦赤霉病不

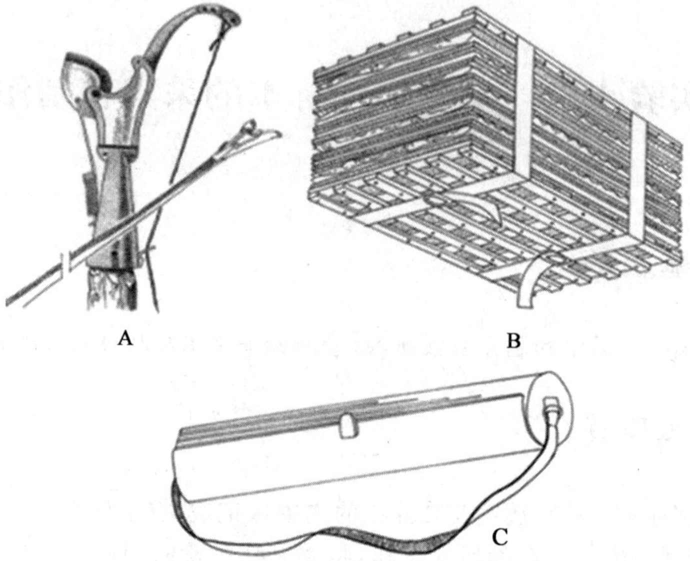

图 16-1 采集工具

A. 高枝剪 B. 标本夹 C. 采集箱

同生育期的症状截然不同,分别形成“苗枯”、“茎基腐”、“穗腐”等症状,油菜霜霉病在不同发病部位分别形成“多角形病斑”、“龙头拐”等症状,所以采集不同阶段的典型症状的标本,对正确识别病害是很重要的。

(2)菌物病害尽量采集带有子实体的标本,因为不同的病原菌所致病状,有时是很相似的,单凭病状是不够的,因此必须鉴定病原菌才能做出最后的诊断。无子实体的标本,有时是毫无意义的。

(3)每种标本上的病害种类一定要单一,以便正确鉴定和使用标本,因此对所采集的标本要严格挑选。

(4)采集时要做必要的记载,记载的主要内容有:寄主名称、发病情况、环境条件以及采集日期、地点、采集者姓名。为了采集方便,可印刷成“采集记载本”,按采集顺序编号使用。

3. 注意事项

(1)对不认识的寄主植物,应注意采集供鉴定用的枝、叶、花、果等部分,以便鉴定寄主。

(2)适于干制的标本,尤其容易干燥卷缩的标本,如穗叶,要注意及时压制,否则叶片失水卷缩后无法展平。

(3)腐烂的果实标本及柔软的肉质类标本，应先以标本纸分别包裹后，再放在标本箱中，并且不能装得太多，以免污染和挤压。

(4)黑粉病类标本，也应以纸袋分装或用纸包好后，再放在采集箱中，以免混杂。

(5)标本的采集应有一定的重复，一般应在5份以上，以便用于鉴定、保存和交流等。

(二)标本数据记录和标本编号

植物病害标本野外采集记录

采集人及采集号________________采集日期__________

采集地________________________________

海拔________________________________

生境________________________________

发病部位______________________________

寄生或腐生_____________________________

发病率_______________________________

　叶________________________________

　花________________________________

　果实______________________________

植物名称________________俗名__________

附记________________________________

要求记录准确、简要、完整，并用铅笔或永久碳素水笔登记。

在野外采集时就给标本编上采集号，也可把标本带回室内再做编号。编号可写成号牌挂在标本上，也可以直接写在夹有标本的报纸上，但要注意别让内部标本脱落。无论哪种方式，均要确认号牌上的采集人及采集号与标本野外采集记录中的记载一致。

(三)标本的制作

采集的标本要及时处理制作，制作方法分为干制和浸渍两种。干制法适用于一般大田农作物、蔬菜和果树的茎、叶、花及去掉果肉的果皮等；浸渍法用于根茎(如马铃薯、甘薯等)及果实等多汁液的器官。

1. 干制法

通常所说的腊叶标本又称压制标本，是干制标本的一种。干制法简便易行，方法是将适于压制的标本分层压在标本夹中，一层标本，一层标本纸(每层3～4张)，以吸收标本中的水分。每个标本夹总厚度以 3 cm 左右为宜，太厚不利于干燥。夹好用绳绑紧，放在阳光充足、通风干燥处自然干燥。干燥愈快，保持标本原色的效果愈好，所以标本质量的好坏在于勤换纸、勤晾晒。夏季，压制的前 3～4 d 每日换纸 1～2 次，以后每隔 2～3 d 换纸 1 次，春、秋可适当减少换纸的次数，直至彻底干燥为止。在换纸时，特别是在第一次换纸时，因为标本已经变软，易于铺展，要注意加以整理，使其具有一定的“姿势”。

压制标本，除了自然干燥外，必要时也可进行人工加温快速干燥。将标本放在烘箱或土炕上，温度可提高到 35～50℃，但换纸要更勤，至少 2 h 换一次纸，对某些容易变黑的叶片标本（如梨叶）可平放在有阳光照射的热沙中，使其迅速干燥，以达到保持原色的目的。

此外，多汁或大型不好压制的标本，还可悬挂在通风良好处风干或晒干。

2. 浸渍法

果实及无性繁殖器官等必须用浸渍法保存在标本瓶中，浸渍液的种类很多，这里介绍常用的几种。

（1）防腐性浸渍液：此浸渍液只有防腐的功能，不保持原色。

福尔马林	50 mL
酒精（95%）	300 mL
加水至	2 000 mL

（2）保持绿色的浸渍液：保存植物绿色的浸渍液很多，可以根据不同的材料采用适当的方法。

①醋酸铜浸渍法。

将结晶醋酸铜逐渐加到 50% 的醋酸中，至饱和为止，将配成的原液用水稀释三四倍使用。将稀释后的溶液加热至沸腾，投入标本，标本的绿色最初会被漂去，经 3～4 min，至绿色恢复后，将标本取出，用清水漂净，保存于 5% 的福尔马林中，或压制成干标本。

该浸渍液重复使用后会丧失其保色能力，补充适量的醋酸铜可恢复其保色功能。

②硫酸铜亚硫酸浸渍法。

标本在 5% 的硫酸铜中浸 6～24 h，取出后用清水漂洗数小时，然后保存在亚硫酸中。亚硫酸浸渍液以含 5%～6% SO_2 的亚硫酸溶液 15 mL 加水 1 000 mL 配成。亚硫酸浸渍液亦可用下法配成，取无水亚硫酸钠 16 g，溶于 1 000 mL 水中，取浓硫酸 20 mL 徐徐滴入上述溶液中，配成的溶液在密封条件下可以贮藏。本法用于保持绿色叶片及果实等，颜色比醋酸铜法自然，但应注意密封瓶口，或每年更换一次亚硫酸浸渍液。

(3)黄色和橘红色标本浸渍液：含有叶黄素和胡萝卜素的果实如杏、梨、红辣椒等用亚硫酸保存，用含5％～6％二氧化硫的亚硫酸配成4％～10％的稀溶液使用(含 SO_2 0.2％～0.5％)。对各种标本的适宜浓度要通过试验才能找出。亚硫酸过浓，有漂白作用，不能保色，亚硫酸过稀防腐能力不足。在需用较低浓度时，可加少量酒精增加防腐能力，溶液中加甘油少许，可以防止标本开裂。

(4)保存红色的浸渍液：标本的红色是由花青素形成的，花青素能溶于水和酒精，因此，保存标本的红色是比较困难的。保存红色常用的浸渍液有下列三种，前两者只能用于保存色粒中的色素，以瓦查浸渍液较好，其能固定红色。

①赫斯娄浸渍液。

氯化锌	50 g
福尔马林	25 mL
甘油	25 mL
加水至	1 000 mL

溶氯化锌于热水中，加入福尔马林及甘油，如有沉淀，用其澄清液。

②波尔浸渍液。

以二氧化硫通过福尔马林至饱和为止，稀释20～40倍使用。

③瓦查浸渍液。

硝酸亚钴	15 g
氯化锡	10 g
福尔马林	25 mL
加水至	2 000 mL

此溶液可用于保存草莓、辣椒、马铃薯以及其他组织的红色，标本洗净后在此溶液中浸2周(完全浸没)，然后保存于下列浸渍液中。

福尔马林	10 mL
酒精(95％)	10 mL
亚硫酸(饱和溶液)	30～50 mL
加水至	1 000 mL

(5)保存菌物色素的浸渍液：根据菌物色素在水中的溶解性，采取不同的浸渍液。

①菌物色素不溶于水者，可采用以下两种浸渍液：

a.硫酸锌福尔马林浸渍液。

硫酸锌	25 g

福尔马林(40%)	10 mL
加水至	1 000 mL

b. 醋酸汞冰醋酸浸渍液。

醋酸汞	10 g
冰醋酸	5 mL
加水至	1 000 mL

②菌物色素溶于水中者,可采用下述醋酸铅浸渍液,醋酸铅可沉淀花青素:

醋酸汞	1 g
中性醋酸铅	10 g
冰醋酸	10 mL
酒精(95%)	1 000 mL

(四)标本封口

浸渍标本可保存在试管和标本瓶中。由于配制浸渍液的药品大多具有挥发性或易氧化,密封可以保持浸渍液的作用,因此浸渍标本的封口非常重要。常用的封口方法如下:

1. 临时封口法

取蜂蜡及松香各一份,分别熔化混合,加入少量的凡士林调成胶状物,涂于瓶盖边缘,将盖压紧,亦可用明胶 4 份在水中浸数小时,将水滤去,加热熔化,加入 1 份石蜡,熔化混合后成为胶状物,趁热使用。

2. 永久封口法

将酪胶和消石灰各 1 份混合,加水调成糊状物,用于封盖,干燥后,由于酪酸钙的硬化而密封。亦可用明胶 28 g 在水中浸数小时,将水滤去,加热熔化,混入 0.324 g 的重铬酸钾及充足的熟石膏使成糊状,即可用于封口。

五、作业及思考题

1. 每人提交合格的干制标本 3 份,液浸标本 1 瓶。
2. 两种制作标本的方法各在什么情况下应用? 如何较好地保持易变黑的叶片标本(如梨叶)的原色?

实验十七　田间一般病害的综合诊断和鉴定

一、实验目的

为了了解病害种类，为农业病害及时、正确的防治提供科学依据，要求掌握田间一般病害的诊断和鉴定方法，并能根据相应的病害结合所学知识提出可行的防治措施。

二、基本原理

田间病害诊断是植物病理学的重要部分，是病情预测、病害防治的重要基础工作。本次实验主要介绍菌物病害、细菌病害、病毒病害及线虫病害等的鉴定和诊断，并根据已学知识对某地区的田间地块发病情况做一般性的调查。

三、实验材料与用具

显微镜、载玻片、盖玻片、培养皿、解剖针、放大镜、刀片等实验常规用具以及酒精、盐酸等实验常用药剂。

四、实验步骤

(一)菌物病害的诊断和鉴定

菌物病害的鉴定主要是根据症状特征和病原菌物的形态特征进行的。不同的菌物和其他病原物可引起相似的症状，因此应以病原菌物的鉴定为依据。

1. 症状观察

观察症状时，先注意病害对全株的影响(如凋萎、萎缩、畸形和生长习性的改变等)，然后检查病部。观察斑点病害，要注意斑点的形状、数目、大小、色泽、排列和有无轮纹等；观察腐烂病，要注意腐烂组织的色、味、结构(如软腐、干腐)以及有无虫伤等。放大镜和解剖镜在检查病征时很有用，注意有无病征，即菌物产生的孢子和子实体等。特别值得提出的是，鉴定时常常会遇到许多非侵染性病害，它们的症状有的与病毒病、线虫病或有些菌物病害很相似，甚至在上面还能检查到菌物，当然，这些菌物一般是后来在上面生长的腐生性菌物。非侵染性病害，一般在田间是同时普遍发生的，与地形、土壤、栽培、品种和气候等条件有关，没有完整的田间记录有时是很难鉴定的，最好是就地观察、调查和分析，不能单纯依靠室内检查。

2.病原菌鉴定

症状对鉴定不是绝对可靠的，不同的病原物可以产生相似的症状，而一种病害的症状可能因寄主和环境条件而变化，因此，标本的显微镜检查非常重要。菌物病害标本或培养的菌物，应因材料的不同而采取不同的方法检视。

(1)菌丝体和子实体的挑取检视：标本或培养基上的菌丝体或子实体，一般是直接用针挑取少许，放在加有一滴浮载剂的载玻片上，加盖玻片在显微镜下检视。

(2)叶面菌物的粘贴检视：叶面菌物的粘贴检视可用透明胶、醋酸纤维素或其他粘贴剂等，目的是检查叶片表面的菌物如白粉菌和其他霉菌等。

(3)组织整体透明检视：组织透明后的整体检查，不但可以看清表面的病菌，还可以观察组织内部的病菌。透明的方法很多，最常用的是水合氯醛。

水合氯醛透明：为了观察病叶表面和内部的病菌，可将小块叶片在等量的酒精(95%)和冰醋酸的混合液中固定 24 h，然后浸泡在饱和的水合氯醛水溶液中，待组织透明后取出用水洗净，经稀苯胺蓝的水溶液染色，用甘油浮载检视。

(4)菌物的玻片培养检视：直接挑取琼脂培养基表面的菌物，往往会破坏菌物的结构，故玻片培养是很好的检视方法。

(5)琼脂培养基中菌物的检视：琼脂培养基表面下的菌物机构，可以从平板上切取小块带菌的琼脂培养基，放在载玻片上，加盖玻片挤压后检视。

(6)菌物细胞核和染色体的观察：菌物细胞核和染色体的观察对了解菌物致病性和变异是非常重要的，有时需要对菌物染色体的变化或细胞核进行观察。细胞核染色方法很多，通常使用苏木精染色或荧光染料 4′,6-二脒基-2-苯基吲哚(4′,6-diamidino-2-phenylindole,DAPI)染色。

(7)组织浸离检视：组织浸离就是将根、茎、树皮等组织用药处理，除去中胶层，使细胞分离，以观察单个细胞的形态。

(8)徒手切片检视：徒手切片在教学和研究上都很有用，不需要特殊设备，操作方便，是日常用得最多的菌物检视方法。

(二)细菌病害的诊断和鉴定

植物细菌病害的危害症状和发生发展规律，并不像病毒病害那样与菌物有很大的差别，所以鉴定和诊断方法大致和菌物病害的相似，由于细菌很小，可以作为分类根据的形态学性状比较少，因此细菌的鉴定方法与菌物又有所不同。

1.症状观察

植物细菌病害表现各种类型的症状，不同属的细菌侵染植物后引起的症状有所不同，如棒杆菌属的细菌主要引起萎蔫症状；假单胞杆菌属主要引起叶斑、腐烂和萎蔫症状；黄单胞杆菌属主要引起叶斑和叶枯症状；欧氏菌属一般引起软腐，有时也引起萎蔫。此外，多数细菌病害在发病初期，特别在潮湿的自然条件下常呈水渍状或油渍状；在饱和湿度下病斑上常有菌脓形成，干后成为菌痂，对细菌病害的正确诊断是十分重要的。

2.病原菌鉴定

(1)显微镜观察：显微镜检查对诊断是非常重要的，细菌侵染引起的病害受害部位的维管束或薄壁细胞组织中一般都有大量的细菌，用显微镜观察组织有无细菌流出(喷菌现象)。

(2)病原细菌分离鉴定：植物病原细菌一般都用稀释分离法。病原细菌在组织中的数量很大，稀释培养可以使病原细菌与杂菌分开，形成分散菌落，容易分离得到纯培养，对病原细菌的识别和鉴定有很大帮助。病原细菌的鉴定通常需要进行生理生化测定和致病性测定。

(三)病毒病害的诊断和鉴定

病毒病是作物的重要病害，几乎每种作物都发现有一种、几种甚至十几种病毒病害，对于病毒病害，首先要注意它的病理现象，有助于病毒病害的鉴别。

1.症状观察

植物病毒必须经过一定的伤口才能侵入寄主植物的细胞和组织，例如，叶片经摩擦接种病毒后，在接种点可形成局部斑点，斑点大小可以不同，褪绿和黄化等颜色也可不同。植物病毒从侵入点扩散，一般可以扩散到全株，表现各种外部症状。植物病毒病的外部症状一般可以归为五种类型：花叶或变色，环斑或环纹，坏死，矮缩或矮化，畸形。植物病毒病的内部症状包括组织与细胞的变化和内含体的变化两个方面。

2.病毒形态观察

由于实验仪器限制不作要求。

(四)线虫病害的诊断和鉴定

1. 症状观察

植物受到线虫为害后,可以表现各种症状,有的表现为瘿瘤、叶斑、坏死或整株枯死等,通常可以在病变部位找到病原线虫,但是多数线虫病表现为变色、褪绿、黄化、矮缩和萎蔫等症状,这多半是根部危害造成的。各属线虫为害不同,茎线虫主要危害植物地下茎,胞囊线虫多寄生在植物根部支根或须根侧面,根结线虫在新生的支根或侧根上寄生后引起根结,粒线虫和滑刃线虫主要危害植物的地上部分,可以传染植物病毒的长针线虫、剑线虫和毛刺线虫等,在根外寄生。

2. 病原鉴定

直接观察分离:胞囊线虫、根结线虫和珍珠线虫等根部寄生的线虫,可在解剖镜下用挑针直接挑取虫体观察;对于一些虫体较小的线虫,如茎线虫和粒线虫等,可在解剖镜下用尖细的竹针或毛针将线虫从病组织中挑出,放在凹穴玻片上的水滴中,作进一步的观察和处理。

五、作业及思考题

1. 选择发病较多的一块地,挑取其中一种或几种植物,以其中某一部位(茎秆、叶、根等)观察其病害特征,初步诊断病害类型,然后,对存在病原物的病害,进行病原鉴定。

2. 病毒病害分布广泛,其症状也与某些非侵染性病害相似,有何简易方法能有效区别病毒病害和非侵染性病害?

实验十八　植物病理徒手制片技术

一、实验目的

通过本次实验系统学习实践中常用的徒手制片技术，为普通植物病理学和农业植物病理学的深入学习以及今后开展病理学的有关研究工作奠定坚实的制片技术基础。

二、基本原理

观察植物病害病原物的形态，进行病原物的分类鉴定，研究发病植物的组织病变，受病植物组织与病原物的解剖学关系以及对于难得一见病原物的保存备用等，都需将材料制成适当的显微玻片标本。因此，徒手制片技术是植物病理学研究的重要手段之一。

三、实验材料与用具

植物发病组织，三角刮针，双面刀片，接种针，胡萝卜，镊子，培养皿，放大镜等。

四、实验步骤

徒手制片的方法有整体封藏法、徒手切片法、组织透明制片法和涂抹制片法等多种。本实验介绍最为常用的整体封藏法和徒手切片法两种。

(一)整体封藏法

对于生长在植物病部表面或基质上的菌丝体、分生孢子、分生孢子梗和其他孢子器官以及线虫等，可直接择取少许封藏在适当的浮载剂中，在显微镜下观察，根据材料的特点和观察的目的可采用不同的方法封藏制片。常用的方法可概括为挑、刮、拨、撕四种。

1. 挑

对于在植物受病部位或基质表面生长繁茂的霉状病原体(如霜霉菌)、粉状病原体(如锈菌、白粉菌)以及培养基上的许多培养菌,可用尖细的解剖针等直接挑取封埋制片。挑取病原体的量,在保证选材典型的前提下,越少越好,以免互相重叠,分辨不清。取黄瓜霜霉病叶、小麦白粉病叶分别挑取霉状物和粉状物镜检病原菌的形态特点。

2. 刮

对病部病原体稀少,或用放大镜也难以辨认霉层的病害标本,可采用两侧具刃的三角刮针(或用双面刀片代替)刮取病原物制片。刮的方法是,用刮针的一刃,蘸浮载剂少许,在病部顺同一个方向刮取 2～3 次,将刮得的病原蘸在载玻片的浮载剂中封片镜检。浮载剂在保证浮载质量的前提下要尽量少,否则少量的病原体在大滴的浮载剂中极易分散漂流,在显微镜下难以寻找。取玉米小斑病叶,在病斑背面刮制片,镜检分生孢子梗和分生孢子的形态。

3. 拨

对于产生在植物表皮下或半埋生于基质内的病原体孢子器官,如子囊壳、分生孢子器、闭囊壳等,可将病原体连同寄主组织一同拨下,放入浮载剂中,用两支解剖针,一支稳定材料,另一支拨出植物组织,使病原体外露制片。取小麦全蚀病或白粉病标本,拨小黑点制片,镜检子囊果的形态。

4. 撕

对于寄生在植物表皮细胞上的病原菌物,可以将此有病原物的表皮撕下来制片镜检,这种方法不仅能看到病原物形态,而且可以观察病原物与寄主的解剖学关系。

在阴雨天从田间取回感染白粉病的麦苗(或在保温箱中取接种染病的麦苗),用刀片割破叶背表皮,再用小镊子轻轻撕下,放在浮载剂中制片镜检白粉病菌分生孢子梗、分生孢子和吸器形态。

(二)徒手切片法

欲观察受病组织病变,病菌侵入和在寄主体内扩展过程,以及埋生在基质内菌物子实体的形态结构等,都需将有关材料切成薄片,进行镜检。徒手切片是最常用的简便易行的方法,不需要特殊的设备,而且节省时间,切成的片子不仅可作临时观察,也可进一步制成永久性玻片标本。

徒手切片的基本用具是双面刀片。切片时先选取材料并作适当的修整,以左手的食指和拇指捏住材料，中指顶住材料下端，使材料上端突出于手指以上2～3 mm。右手握稳刀片，从左向右后方斜向切割。注意刀口必须与材料面垂直，否则所得切面不正。同时双手不应紧靠身体，而是要活动自如。用臂力自左前方向右后方均匀地拉切，连续切割4～5片后，用毛笔蘸水轻轻沿刀口取下，放入盛有水的浅玻皿中，在此过程中左手握着的材料不要放下，否则再切时难以按原位置拿材料，此外，在切片过程中，必须常用毛笔蘸水湿润材料，以免材料干涸不便切割。

对于过于柔软或较薄的材料，夹在"夹持物"中进行切片更为方便。新鲜胡萝卜和马铃薯块都可作"夹持物"用。实验室中通常将通草、接骨木或向日葵的茎髓，剪成适当大小，浸于70%酒精中备用。

切割一定数量的薄片后，用移置环在浅玻皿中选取合适的材料薄片，放在载玻片的水滴中，镜检合格者即在酒精灯上将水烘干并摆正材料，然后加一滴乳酚油或其他浮载剂，放在展片台上略加热，镜检如无气泡，即可小心加盖片，用吸水纸吸除多余的浮载剂，最后贴好标签，平放于切片板上，待干燥适宜时封固。

徒手切片的缺点是对于微小或过大，柔软、多汁、肉质及坚硬的材料不易切取，也难制成连续切片，此外切片的厚薄也难一致。切片机切片即可克服这些缺点。

五、作业及思考题

1. 每人交两片符合质量要求的玻片标本。

2. 整体封藏法和徒手切片法两种基本徒手制片技术各在什么情况下使用？徒手切片法制片有什么优缺点？怎样解决这种方法本身存在的问题？

实验十九　微生物培养基的配制和灭菌

一、实验目的

1.了解培养基的配制原理和方法，掌握其配制过程。

2.了解几种灭菌方法，掌握干热灭菌法和加压蒸汽灭菌法的原理及其使用方法。

3.熟悉分离、培养微生物前的有关准备工作及操作方法。

二、基本原理

培养基是将微生物生长繁殖所需要的各种营养物质，用人工方法配制而成的各种营养基质。培养基为微生物的生长提供营养物质和生存空间。它具有微生物正常生活所需的各种养料和适宜的环境条件：①适当组分和比例的营养物质；②适宜的pH；③合适的渗透压；④保持无菌状态。所以培养基是培养微生物所必需的最主要材料。培养基的配制是微生物学工作者的主要技术操作之一。

培养基的种类：

1.根据培养基的组成成分划分

合成培养基：由各种纯化学物质按一定比例配制而成。

半合成培养基：由一部分纯化学物质和另一部分天然物质配制而成。

天然培养基：利用天然来源的有机物配制而成。

2.根据培养基的物理状态划分

液体培养基：不加凝固剂的液体状培养基。

固体培养基：在液体培养基中加入2%左右的凝固剂的固体状培养基或固体状农副产品培养基。

半固体培养基：在液体培养基中加入0.2%～0.5%的凝固剂而成的半固体状培养基。

微生物培养基最常用的凝固剂为琼脂(其次为明胶)，又称水洋菜、冻粉。它不是一种营养物质，只能被极少数种类的细菌分解利用。琼脂是从海藻(主要是石花菜)中提取而制成的，是一种多糖类化合物，主要成分是复杂的多糖硫酸酯钙盐。琼脂是一种可逆性胶体，在常规浓度下加热到 96℃以上即成溶胶状态，熔化的琼脂，当温度下降到 40℃以下，又凝固为固体(表 19-1)。

表 19-1　琼脂和明胶的特性比较

比较项目	琼脂	明胶
熔点/℃	96	25
凝固点/℃	40	23
酸碱度	微酸	酸性
水分/%	16.0	14.0～15.0
灰分(干重)/%	4.4	0.6
微生物可利用性	绝大多数微生物不能水解利用	部分微生物能水解利用
耐热性	强	弱
来源	植物	动物
化学本质	多糖	蛋白质

三、实验材料与用具

(1)药品：牛肉膏，蛋白胨，氯化钠，琼脂，马铃薯，蔗糖，可溶性淀粉，K_2HPO_4，KNO_3，$MgSO_4 \cdot 7H_2O$，$FeSO_4 \cdot 7H_2O$ 等。

(2)高压蒸汽灭菌器，恒温干热灭菌箱，细菌过滤器，紫外线杀菌灯。

(3)其他：天平，药匙，电炉，1 mol/L HCl，1 mol/L NaOH，pH 试纸，刻度搪瓷烧杯，量筒，漏斗，漏斗架，玻璃棒，带玻璃珠的三角瓶，带棉塞的无菌试管，无棉塞的空试管，培养皿，吸管，包装纸，防水纸，绳索，棉花，标签等。

四、实验步骤

(一)培养基配制

1.培养基配制的一般方法和步骤

(1)称量：按照培养基配方，正确称取各种原料放于搪瓷烧杯中。

(2)溶解:在搪瓷烧杯中加入所需水量(根据实验需要加入蒸馏水或自来水),用玻璃棒搅匀,加热溶解。

(3)调 pH(也可以在加琼脂后再调):用 1 mol/L NaOH 或 1 mol/L HCl 调 pH,用 pH 试纸对照。

(4)加琼脂熔化:在琼脂熔化过程中,需不断搅拌,并控制火力不要使培养基溢出或烧焦,待完全熔化后,补足所失水分,一般数量少、时间短不必补水。

(5)分装:在漏斗架上分装。根据不同的需要进行分装,一般制斜面的装置为管高的 1/5,特别注意不要使培养基沾污在管(瓶)口上以免浸湿棉塞,引起污染。

(6)包扎成捆、挂上标签:培养基分装好后,塞上棉塞,用防水纸包扎成捆,挂上所配培养基名称的标签。

(7)灭菌备用:灭菌后如需制成斜面的,应在灭菌完成后取出,摆成斜面(图 19-1)。培养基经灭菌后,必须放在 37℃恒温培养箱中培养 24 h,确无菌生长(表明灭菌彻底),方可使用。

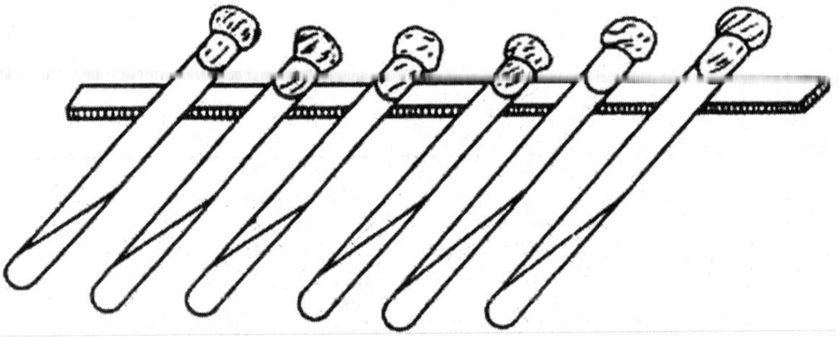

图 19-1　灭菌的试管培养基趁热摆成斜面

2. 三种培养基(培养细菌、菌物和放线菌)的配方及具体配制方法

(1)牛肉膏蛋白胨培养基(用于分离和培养细菌,是一种天然培养基)。

配方:3 g 牛肉膏,10 g 蛋白胨,5 g 氯化钠,20 g 琼脂,蒸馏水 1 000 mL,pH 7.0～7.2,121℃(1.05 Pa/cm^2) 灭菌 25～30 min。

制备方法:将上述配方中的牛肉膏、蛋白胨、氯化钠加入有刻度的搪瓷烧杯中,然后用自来水补足到 1 000 mL。用玻璃棒搅匀,在电炉上稍加热,调 pH 至 7.0,加琼脂 20 g,加热熔化,用玻璃棒不断搅拌,至琼脂完全熔化为止,趁热在漏斗架上分装培养基试管(图 19-2)。装置 1/5 的试管高度,作斜面培养基,分装完毕塞紧棉塞,以 7～9 支为一捆,用报纸包扎成捆,挂上标签,灭菌备用。

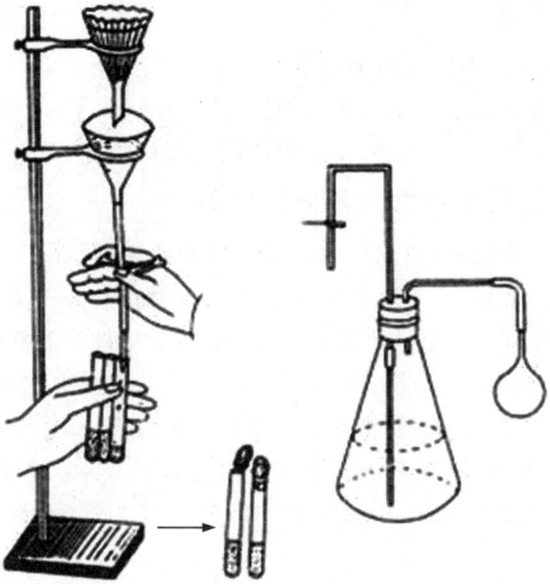

图 19-2　分装培养基

(2)马铃薯葡萄糖琼脂培养基(PDA)(用于分离和培养菌物,是一种半合成培养基)。

配方:200 g 去皮马铃薯,20 g 葡萄糖,20 g 琼脂,蒸馏水 1 000 mL,pH 自然,121℃灭菌 25～30 min。

制备方法:将去皮马铃薯 200 g 切成小块,放入有刻度的搪瓷烧杯中,加水 1 000 mL,置电炉上加热煮沸 20 min,用 4 层纱布过滤至具刻度的搪瓷烧杯中,滤液加水补足至 1 000 mL。然后加葡萄糖 20 g,琼脂 20 g,加热熔化并用玻璃棒不断搅拌直至琼脂完全熔化分装试管,下面一系列步骤与配细菌培养基相同。

(3)高氏 1 号培养基(用于分离和培养放线菌,是一种合成培养基)。

配方:20.0 g 可溶性淀粉,1.0 g KNO_3,0.5 g K_2HPO_4,0.5 g $MgSO_4\cdot7H_2O$,0.5 g NaCl,0.01 g $FeSO_4\cdot7H_2O$,20 g 琼脂,蒸馏水 1 000 mL,121℃灭菌 25～30 min。

制备方法:将上述配方(除可溶性淀粉、琼脂外)加入有刻度的搪瓷烧杯中,然后用自来水补足到 1 000 mL,用玻璃棒搅匀,置电炉上加热。用另一只搪瓷烧杯称取可溶性淀粉 20.0 g,用玻璃棒调成糊状,待液体沸腾后将淀粉糊洗入培养液中,搅匀,调 pH 至 7.4,加琼脂 20 g,加热至琼脂完全熔化为止,趁热分装试管。

3. 无菌水的制备

微生物的分离实验中均需用无菌水。

100 mL 三角瓶装自来水 45 mL，试管(1.6 cm×13.6 cm)中装 9 mL 自来水，塞上棉塞，包扎灭菌备用。三角瓶和试管须预先塞好棉塞，并经干热灭菌。

(二)分离培养微生物常用器皿的准备

(1)清洗一些玻璃仪器，如三角瓶、试管、培养皿、吸管等。

(2)制作棉塞。试管、三角瓶都要加棉塞。棉塞的作用为过滤空气，使内外空气可以流通，但外界空气中杂菌不能进入，避免污染。吸管上部也要用解剖针塞入少许棉花(1～1.5 cm 长)，以防止细菌吸入口中，并避免将口中细菌吹入管内。棉花要塞得松紧适宜，吹时以能通气但不使棉塞下滑为准。

教师示范做试管棉塞，同学每人做 5 支试管棉塞。棉塞要求不紧不松，两头光滑。试管棉塞的长度约 3 cm。塞入试管内部分约占 2/3，头部稍大约占 1/3，见图 19-3。

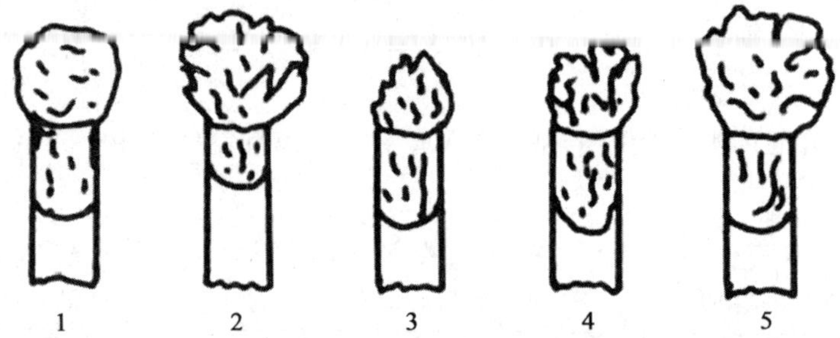

图 19-3 试管棉塞的规范要求

1. 正确式样 2. 管内部分太短，管外部分太松 3. 外部过小
4. 整个棉塞太松 5. 管内部分过紧，外部太松

(3)包装培养皿和吸管等。为了使培养皿、吸管、玻璃棒等洗净、干热灭菌后，表面不暴露，以保证无菌状态，干热灭菌前先用旧报纸包装妥当。教师示范，每组同学包培养皿 12 只(一包)。

吸管的包装，将塞好棉花的吸管尖端放在 4～5 cm 宽的长纸条的一端，约成 45°角，折叠纸条，包住吸管尖部，用左手握住吸管身，右手将吸管压紧，在桌面上向前搓转，以螺旋式包扎起来。上端剩余纸条，折叠打结，准备灭菌，见图 19-4。玻璃棒的包装也可采用此法。

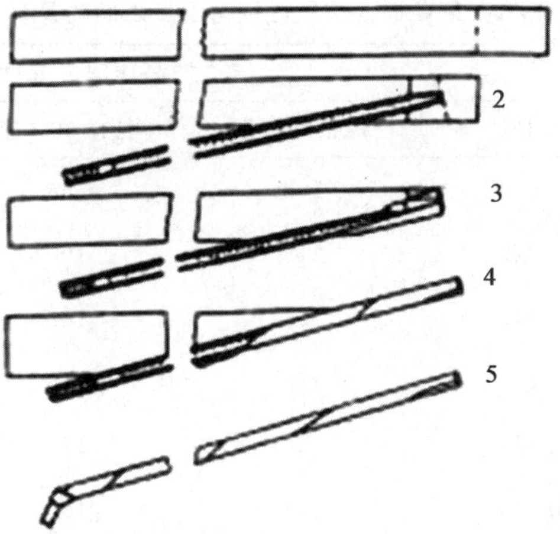

图 19-4　吸管灭菌前用纸包卷示意图

(三)培养基和玻璃器材的灭菌方法

灭菌的方法,通常可以分为四大类:①加热灭菌:包括直接灼烧灭菌、干热灭菌、加压蒸汽灭菌、间歇灭菌和煮沸消毒;②过滤除菌;③射线灭菌和消毒;④化学药剂灭菌和消毒。

1. 加热灭菌

(1)干热灭菌法(即热空气灭菌法)

干热灭菌一般是利用电热烘箱作为干热灭菌器。前面所包装好的玻璃器皿,如带棉塞的三角瓶、试管,包装好的吸管、培养皿等,放入电热烘箱中。

打开烘箱顶部的通气孔,接上电源加热,使箱内空气的温度达到 160～170℃,关闭通气孔使箱内温度保持在 160℃左右并维持 1.5～2 h。时间一到,切断电源。待温度下降至 60～70℃或以下,方可打开箱门取灭菌物品,否则骤冷后易使箱内玻璃仪器破损。

(2)加压蒸汽灭菌法

利用高压灭菌器,使水的沸点在密闭的灭菌器内随压力升高而增高(表 19-2),来提高蒸汽的温度和灭菌的效率。

在同一温度下湿热的杀菌效率比干热大,因为微生物细胞蛋白质在湿热情况下易于凝固。同时湿热的穿透力强,当水蒸气与被灭菌的物品相接触后,便放出汽化潜热,逐步提高被灭菌物品的温度,直至与水蒸气的温度相等,达到平衡为止,从而提高灭菌效率(表 19-3)。

表 19-2　灭菌器内空气比例与温度之间的关系

压力计数器		高压锅内温度/℃		
kg/cm^2	MPa	纯水蒸气	混有 50%空气	只有空气
0.35	0.045	108	94	72
0.70	0.070	115	105	90
1.05	0.110	121	112	100
1.41	0.136	126	118	109
1.76	0.175	130	124	115
2.00	0.210	134	128	121

表 19-3　蛋白质含水量与凝固温度之间的关系

蛋白质含水量/%	凝固温度/℃
50	56
25	74～80
18	80～90
6	145
0	160～170

手提式高压灭菌锅灭菌的操作步骤如下：

①在灭菌器内加入一定量的水(位于最高水位和最低水位之间)。将待灭菌物品如培养基、无菌水等，放进灭菌器内。

②接通电源，进行加热。

③加温时先打开放气阀，使锅内的空气和水蒸气一同排出，直至压力表的压力恢复到零，然后关闭排气阀，继续加热。

④当压力表的压力达到 0.11 MPa(1.05 kg/cm^2)时，此时灭菌器内的温度达到 121℃，维持 30 min 不变。对热不稳定的培养基灭菌时，应适当降低压力，延长时间。

⑤灭菌结束后，切断电源，待压力下降至零时，缓慢打开放气阀，然后打开灭菌器盖，取出物品。如果灭菌后的固体培养基要做成斜面，需趁热放置。

可由教师带着学生做一遍，再由学生独立完成一次。

(3)间歇灭菌法

各种微生物的营养体在100℃下30 min即可被杀死，而其芽孢和孢子在这种条件下却不会失去生活力。间歇灭菌就是根据这一原理进行的。

间歇灭菌的方法是用100℃ 30 min杀死培养基内杂菌的营养体，然后将这种含有芽孢和孢子的培养基在温箱内或室温下放置24 h，使芽孢和孢子萌发成为营养体。这时再以100℃处理30 min，再放置24 h。如此连续灭菌3次，即可达到完全灭菌的目的。

间歇灭菌通常在流动蒸汽的灭菌锅中进行，也可用普通铝锅代替。这种灭菌方法多用于明胶、牛乳等物质的灭菌，这类物质在100℃以上的温度下处理较长时间，会被破坏，而用间歇灭菌法既起到了杀菌作用，又使被处理的物质免遭破坏。

2.过滤除菌法

一些不能加热灭菌的液体物质(如维生素、血清)，可以用过滤除菌法，一般用细菌过滤器进行除菌。细菌过滤器中的过滤板常用陶瓷、硅藻土或石棉等做成，过滤板孔眼很小，细菌不能通过，因此，过滤后的液体就除去了细菌。在进行过滤除菌前，整个细菌过滤器和接受液体的器皿，必须要包装妥当并进行加压蒸汽灭菌后方可使用。

3.射线灭菌和消毒

波长260～280 nm的紫外线有很强的杀菌能力，一般紫外灯管能产生253.7 nm的紫外光，杀死力强而稳定，但穿透力弱，即使一薄层玻璃或水层就能将大部分紫外线滤除，一般只适宜物体表面、空气灭菌，例如接种室、培养室等的空气灭菌。一般30 W灯管、9 m^3 空间，距地面2 m，每次用紫外线照射0.5 h，就可使室内空气灭菌。照射紫外线时，先喷洒石炭酸等化学消毒剂，可增强灭菌效果。

紫外线对眼结膜及视神经有强烈的损伤作用，对皮肤有刺激作用，所以不能直接在紫外线灯开启下工作和用眼睛直视开启的紫外灯。

4.化学药剂消毒灭菌法

微生物实验室中常用的化学杀菌剂有升汞、甲醛、高锰酸钾、酒精、石炭酸、漂白粉、新洁尔灭等，详见表19-4。

表 19-4　各类化学药剂消毒灭菌的浓度和应用范围

杀菌剂	实例	常用浓度	应用范围
醇类	乙醇	70%～75%	皮肤及器械消毒
酸类	乳酸	0.33～1.0 mol/L	空气消毒(喷雾或熏蒸),熏蒸浓度参考食醋
	食醋	3～5 mL/m^3	熏蒸空气
碱类	石灰水	1%～3%	地面消毒
酚类	石炭酸	5%	空气消毒、地面或器皿消毒
	来苏水	2%～5%	空气消毒、皮肤消毒
醛类	甲醛(福尔马林)	40%溶液 2～6 mL/m^3	接种室、接种箱或器皿消毒
重金属离子	升汞	0.1%	植物组织表面消毒
	硝酸银	0.1%～1.0%	皮肤消毒
	硫柳汞	0.01%	生物制品防腐
氧化剂	高锰酸钾	0.1%～3%	皮肤、蔬菜、水果等消毒
	漂白粉	1%～5%	培养基容器消毒
	过氧乙酸	0.2%～0.5%	塑料、玻璃、皮肤消毒等
表面活性剂	新洁尔灭	1∶20 水溶液	皮肤及不能遇热的器皿的消毒
	杜灭芬(消毒宁)	0.05%～0.1%	棉织品、塑料、橡胶物品消毒
烷基化合物	环氧乙烷	50 mg/100 mL	器械、陶瓷类灭菌
金属整合剂	8-羟喹啉硫酸盐	0.1%～0.2%	外用清洗消毒

五、思考题

1. 配固体培养基加琼脂后加热熔化时要注意哪些问题?
2. 培养基中加琼脂的作用是什么?
3. 干热灭菌、高压蒸汽灭菌和间歇灭菌的应用场合有何不同?
4. 如何检查培养基灭菌是否彻底?

实验二十　植物病原菌物的分离培养

一、实验目的

植物病原菌物的分离培养是植物病理学实验最基本的操作技术之一，是病害鉴定、病原形态观察、植物病害接种体的培养等经常使用的研究手段。通过本实验，掌握植物病原菌物分离培养的一般原则和方法。

二、基本原理

植物患病组织内的菌物菌丝体，如果给予适宜的环境条件，除个别种类外，一般都能恢复生长和繁殖。植物病原菌物的分离就是指通过人工培养，从染病植物组织中将病原菌物与其他杂菌分开，并从寄主植物中分离出来，再将分离到的病原菌物于适宜环境内纯化，这个过程总称植物病原菌物的分离培养。植物病原菌物的分离一般采用组织分离法，就是切取小块病组织，经表面消毒和灭菌水洗过后，移到人工培养基上培养。

三、实验材料与用具

(1)分离材料：白菜黑斑病(*Alternaria alternata*)，番茄灰霉病(*Botrytis cinerea*)及黄瓜枯萎病(*Fusarium oxysporum*)；杨树腐烂病(*Valsa sordida*)的带有新病斑的枝条；青稞种子。

(2)分离用品(以小组为单位)：酒精灯 4 个，手术剪 4 把，镊子 4 把，马铃薯葡萄糖琼脂培养基(PDA)3 瓶，培养皿(直径 9 cm)24 套，小烧杯(5 mL)4 个，大烧杯 1 个，斜面培养基 12 管，灭菌水 4 瓶，75%酒精瓶 1 个(内放脱脂棉球)，0.1%升汞瓶 1 个，5%乳酸瓶(60 mL)1 个，打火机 1 个，湿、干纱布各 4 块。

四、实验步骤

(一)分离前的准备工作

1. 工作环境的清洁和消毒

分离培养一般在无菌室、无菌箱或无菌工作台(超净工作台)上进行,无菌室和无菌箱要经过喷雾除尘,并用药物或紫外线照射消毒(常用 70%酒精,2%煤酚皂液,5%石炭酸液等喷雾。若用紫外线灯照射则需 20～30 min)。在没有上述设备条件时,在清洁房间里关闭门窗,避免空气流动,经过喷雾除去空气及地面灰尘后进行操作,也可获得较好的结果。工作前擦净桌面,最好铺上湿纱布。将所需用的物品按次序放在工作台上,避免工作时走动,工作人员最好穿上灭菌后的工作服,戴上口罩,并用肥皂洗手,用 70%酒精或 0.1%新洁尔灭擦手。

2. 分离用具的消毒

凡是和分离材料接触的器皿(刀、剪、镊、针等)都要随时(至少在使用时)保持无菌,将这些用具浸于 70%酒精中,使用时在灯焰上灭菌烧去酒精,如此 2～3 次(刀、剪、镊等不宜在灯焰上烧时过长,以防退火)。再次使用时必须重复灭菌。培养皿、试管等要经过干热灭菌。培养基及洗涤或稀释用蒸馏水都需要事先经过高压蒸汽灭菌。

3. 分离材料的选择

用新发病的植株、器官或组织作为分离材料,可以减少腐生菌的污染。任何植物坏死部分的内部或表面,都可能有腐生物并存,所以一般斑点病害应从邻近健全组织,即从病、健组织交界处获得分离材料。

(二)植物病原菌物的分离

1. 叶斑类和枝秆病斑类(非维管束侵染)病原菌分离

首先选择具有典型症状的新鲜病叶作为分离材料,按下述步骤操作:

(1)培养基平板制备:将 PDA 培养基在微波炉中加热熔化,以无菌操作法将熔化过的培养基倾入灭过菌的培养皿中,每皿 12 mL,可形成 2～3 mm 厚的平板(为防止细菌污染,倒皿前给每三角瓶内加 5%乳酸 4～6 滴)。

(2)病叶或病枝经自来水冲洗,从病斑边缘 1～2 mm 处的健组织部位剪下(若为枝干,则将带有病斑的皮层剥下)。

(3)取 10 mL 小烧杯经酒精消毒,放入分离材料,倒入 0.1%升汞液适量做表面消毒 1 min，或用 1％漂白粉消毒。

(4)消毒后倾出消毒液，用无菌水冲洗 2～3 次，最后一次无菌水不要倒掉。

(5)用灭菌镊剪在无菌水中将分离材料剪成 2～3 mm 大小的方块，每块组织均应为病健相间组织。用灭菌镊子夹取剪好的材料，放于培养基平板上，轻轻按压。每皿 4～5 块，排放均匀。

(6)用记号笔在培养皿底部注明分离代号、日期、姓名，将培养皿翻转放置于 23～25℃下培养。

(7)3～4 d 后挑选由分离材料上长出的典型而无杂菌的菌落，在菌落边缘用移菌针挑取带有菌丝的培养基一小块，转入试管斜面培养基中央，于 25℃温箱中培养。

2. 种子内病菌的分离

将整粒种子或种子的一部分进行冲洗，再经表面消毒(升汞或漂白粉)，最后用灭菌水洗涤后移到水琼脂培养基平板上培养(或者直接放在皿内保湿培养于 25℃温箱中)。

3. 为害输导组织病原的分离(以枯萎病为代表)

先将分离茎作表面消毒，然后用灭菌刀剥去表皮，剪取其中小块变色的维管束组织，再用漂白粉进行表面消毒后，移于培养基平面上培养。

4. 分离物的纯化

用前述方法获得的分离物，必须经过纯化，才能成为纯培养物，纯化的方法有单孢子分离法和连续稀释培养法两种，后者简便，为一般研究所常用。

连续稀释法：对菌物材料来说，就是从典型菌落边缘切取含有菌丝的培养基一小块，移植于另一培养基平板上，待菌落形成后，再依此法移植。如此数次，直至菌落形态典型，无杂菌时即可移入斜面试管中培养保存。

附

(1)0.1％升汞液的配制：升汞 1 g，浓盐酸 2.5 mL，加水 1 000 mL，注意要先将升汞用盐酸溶解，然后加水稀释；也可这样配制：氯化钠 5 g，升汞 1 g，加水 1 000 mL。

(2)PDA 培养基成分：马铃薯 200 g，葡萄糖 10～20 g，琼脂 17～20 g，水 1 000 mL。

(3)水琼脂培养基成分：琼脂 17～20 g，水 1 000 mL。

五、思考题

1. 简述病原菌物的分离步骤。

2. 分离植物病原菌物常用的方法有哪几种？这些方法各适用于分离哪类病原菌物？怎样分离？

3. 分离植物病原菌物时，为什么要选择新鲜病材料，并且在病健交界处取样？没有新鲜病材料怎么办？

实验二十一　植物病原物的接种

一、实验目的

人工使病原物与寄主植物感病部位接触，创造条件使病原物侵入并诱致寄主发病叫接种，接种是证病过程的重要步骤，在研究寄生现象发病规律，测定品种抗病性、药剂防病效果时都需要接种。因此，接种是植物病理工作者必须掌握的基本技术环节。

植物病害人工接种方法，是根据病害的传染方式和侵染途径设计的。植物病害的种类很多，其传染方式和侵染途径各异，因此接种方法也不相同。本次实验以玉米小斑病、小麦根腐病、小麦条锈病、白菜软腐病、梨褐腐病等为例，介绍常用的接种方法。

二、内容、材料和方法

(一)拌土法(小麦根腐病)

拌土法适于土壤传染的病害，方法是将消毒的土壤分别装入两个小花盆中，其中一盆表层覆以 1 cm 厚的菌土(菌土是用玉米粉沙土培养基 1 份加消毒土 5 份混合而成)，另一盆不接种(不覆菌土)作为对照。将经 0.1%升汞表面消毒 3 min 并用无菌水洗 3 次的小麦种子，分别播种在两个花盆内，插上标牌，注明接种日期、接种方法、病害名称及接种人姓名，花盆放在室温下，浇水保湿，遮阴管理，待幼苗出土展开叶子后(大约 1 周)，观察并记载根腐病发生情况。

(二)喷雾法(玉米小斑病)

气流及雨水传播的病害常用此法接种。将培养好的玉米小斑病的斜面菌种一支，用移植钩刮于装有 100 mL 无菌水的三角瓶中，用力振荡，待孢子洗下后，以纱布过滤，并于滤液中加入 0.1 g 中性肥皂，即成孢子菌丝悬液，用无菌喷雾器均匀喷布在麦苗上。同时设一不喷菌液而喷无菌水的麦苗作对照，用塑料罩保湿 48 h，揭塑料罩后正常管理，7 d 后作发病调查。

（三）涂抹法（小麦条锈病）

这也是气流传播的病害常用的接种方法，用于禾本科锈病接种。方法是用拇指蘸锈菌夏孢子悬液自下向上轻轻涂欲接种的小麦叶片，也可先用手指蘸水摩擦叶片，使叶表有一层水膜，然后将夏孢子粉抹在上面，以不涂抹孢子悬液或孢子粉的作为对照。塑料罩保湿 48 h 后揭去，正常管理，7 d 后作发病调查。

（四）创伤接种法（白菜软腐病及梨褐腐病）

创伤接种法是伤口侵入的弱寄生菌常用的接种方法。

1. 白菜软腐病

取切成适当大小的白菜帮两块，水洗，待水稍干后，以 1%漂白粉溶液作表面消毒，分放在两个灭过菌的上下铺有吸水纸的培养皿中，用酒精擦过的玻璃棒顺着白菜帮打三排不穿透的孔穴。将培养好的白菜软腐病菌斜面菌种的菌苔以无菌水洗下做成菌悬液。然后，先以灭过菌的兽用注射器吸取无菌水滴于菜帮的第一排孔内作为对照，再用该注射器吸菌液滴于第二、三排孔内。注意无论无菌水还是菌液都不要滴得过多，以免流出孔穴，另一培养皿的菜帮以同法处理作为重复。盖好皿盖，置于 26～28℃的温箱中，24 h 后检查发病情况。

2. 梨褐腐病

取白梨以酒精火焰表面消毒后，用炽热的解剖刀，在其上切小手指粗的孔穴 3～5 个。取经分离纯化的梨褐腐病菌菌落填抹在已切好的孔穴中，再覆以饱含无菌水的脱脂棉或纱布，放在密封的干燥器或标本瓶中，干燥器或标本瓶底部装些水，再将干燥器或标本瓶放于 25℃温箱中，以未接菌的作为对照，3 d 后作发病调查。

三、接种试验的观察和记载

认真观察和记录是做好接种试验的重要环节。为了及时正确地分析总结试验结果，必须认真观察并做详尽的记录，如记录接种时间，接种植物、品种，接种方法、部位，接种用的病菌名称（包括菌系和生理小种）、来源、繁殖和培养方法（培养基、培养温度、培养时间），接种体浓度，接种后的管理等。

四、作业

提交接种试验报告一份（以一种病害接种结果为题材，试按试验的目的意义、试验材料和方法、试验结果及结果分析和讨论的格式来写）。

五、思考题

植物接种常用的方法有哪些？举例说明如何根据病害特点选择接种方法。

附　玉米粉沙土培养基

玉米粉沙土培养基常用于繁殖菌物接种土壤。

玉米粉	1 000 g
洗净的沙	1 000 g
水	1 500 mL

玉米粉和沙加水混合后，在不加压的蒸馏锅中蒸 1 h，取出分成小块装在三角瓶中，121℃灭菌 2 h。

实验二十二　植物病原菌物孢子的萌发

一、实验目的

欲了解病菌生活力的强弱，生存期的长短，有效传播距离，抗药性的大小，生活史，有些病菌的种类鉴定以及环境与发病的关系等，都必须进行孢子萌发试验。孢子能否萌发，萌发率的高低，萌发势的强弱以及萌发的方式等既受病菌自身内在因素的影响，也受外界环境条件制约，因此要达到萌发试验的目的，必须充分掌握萌发所需的各种条件，本次实验主要学习孢子萌发常用的方法，同时通过实验理解各种孢子萌发所需条件不同。

二、内容、材料和方法

孢子萌发的方法很多，有些菌物的孢子须用特殊的方法才能萌发，以下仅介绍实验常用的方法。

(一)悬滴法

1. 材料

玉米小斑病菌斜面菌种。

2. 方法

在洁净的盖玻片中央滴玉米小斑病菌孢子悬浮液一滴，注意滴成圆形，大小适当，菌悬液浓度以显微镜低倍镜头每个视野约 20 个孢子为宜。然后翻转盖片制成悬滴，并封闭在特制的玻环内，再将玻环放在底部盛少许水的培养皿中，盖好皿盖，放置在 26～28℃温箱中培养，4～5 h 后检查萌发结果。

此法也可改用直接用培养皿盖的里面作悬滴进行，即用玻璃笔在皿盖里面划方格，在方格中央滴孢子悬液，然后慢慢转皿盖，盖在盛有少量蒸馏水的皿底上，保温保湿培养。此法的优点是简便，适用于大量孢子萌发测定。

(二)液滴法

1. 材料

小麦根腐病菌斜面菌种。

2. 方法

在培养皿内放一“井”字或“U”形玻璃棒，皿底加蒸馏水少许或衬上吸水纸或加几个脱脂棉球吸水保湿，玻璃棒上放载玻片，其上分别滴 2 或 3 滴小麦根腐病菌孢子悬浮液(浓度同悬滴法)，盖好皿盖，置于 26～28℃温箱中培养，4～5 h 后镜检萌发结果。

此法也可发展为将配好的孢子悬液直接加在培养皿中进行萌发，一般一个培养皿中加 10 mL 左右，不能太多，然后直接镜检萌发结果，优点是一次可测定大量孢子。

(三)琼脂培养基法

对于某些不适于直接在水滴中萌发的菌物可采用此法。

1. 材料

新采集的带有夏孢子堆的小麦秆锈病病叶或小麦白粉病病叶。

2. 方法

取洁净的载玻片，在熔化并冷至 50℃左右的 2%水琼脂培养基中蘸一下，待凝成薄层后，去掉一面琼脂培养基，将有琼脂培养基的一面朝上，平放在培养皿的“U”形玻璃棒上，再将秆锈菌夏孢子或白粉菌的分生孢子轻轻弹落或涂抹在琼脂平面上。保温培养，小麦秆锈病菌夏孢子培养在 20℃下，小麦白粉病菌分生孢子培养在 10～12℃下，24 h 后镜检萌发结果。

此法也可以直接在培养皿中做成的水琼脂平板上进行。

(四)载片引湿法

此法用于不适于直接在水滴中萌发的某些菌物。

1. 材料

玉米瘤黑粉病菌的黑粉孢子。

2. 方法

在灭菌的培养皿里加少许灭菌水，在培养皿中放一“V”或“U”形玻璃棒，其上放一载玻片，再取宽 1 cm、长 4 cm 的滤纸条横放在载玻片上，绷紧，两端拖入水中，再在滤纸条上滴一滴玉米瘤黑粉病菌黑粉孢子悬浮液，盖上皿盖，在 25℃温箱中培养,逐日检查萌发的结果。

三、孢子萌发的记载方法

孢子萌发时先吸水膨胀,然后长出芽管,通常以芽管长度超过孢子直径一半(不是正圆形的孢子以短径为准)作为萌发标准,记载萌发的方法有以下几种。

(一)萌发率

即萌发一定时间后,随机取一定数目(至少 500 个)的孢子,检查萌发的孢子数,求出萌发百分率,如果用该法记录两种或几种不同处理时,要注意严格掌握检查时间。

(二)萌发时间

即测定孢子萌发达到一定萌发率所需时间。

(三)芽管平均长度

即测定一定数目已萌发孢子的芽管长度,求其平均值。

此外,有些萌发试验,如药效测定等,还需注意记录芽管的长度变化以及是否有分枝等。

四、作业及思考题

1. 镜检玉米小斑病菌或小麦根腐病菌分生孢子的萌发率。

2. 孢子萌发在植物病理学研究工作中有什么重要意义?在做萌发试验时,要特别注意哪些问题?

3. 几种孢子萌发方法各自适用于哪些菌物?记载孢子萌发的方法有哪几种?各有什么优缺点?

实验二十三　显微镜直接计数

一、实验目的

学习并掌握使用血细胞计数板测定微生物细胞或孢子数量的方法。

二、基本原理

显微计数法是将少量待测样品的悬浮液置于一种特定的具有确定容积的载玻片上（又称计菌器），于显微镜下直接观察、计数的方法。目前国内外常用的计菌器有：血细胞计数板、Peteroff-Hauser 计菌器以及 Hawksley 计菌器等，它们可用于各种微生物单细胞（孢子）悬液的计数，基本原理相同。其中血细胞计数板较厚，不能使用油镜，常用于个体相对较大的酵母细胞、霉菌孢子等的计数，而后两种计菌器较薄，可用油镜对细菌等较小的细胞进行观察和计数。除了用上述这些计菌器外，还有用已知颗粒浓度的样品如血液与未知浓度的微生物细胞（孢子）样品混合后根据比例推算后者浓度的比例计数法。显微计数法的优点是直观、快速、操作简单，缺点是所测得的结果通常是死菌体和活菌体的总和，且难以对运动性强的活菌进行计数。目前已有一些方法可以克服这些缺点，如结合活菌染色、微室培养（短时间）以及加细胞分裂抑制剂等方法来达到只计数活菌体的目的，或用染色处理等杀死细胞以计数运动性细菌等。本实验以最常用的血细胞计数板为例对显微计数法的具体操作方法进行介绍。

血细胞计数板是一块特制的载玻片，中间有 H 形的沟槽（图 23-1A），从而将中部划分为两个平台，在 H 形沟槽的两侧各有一道凸起的脊，脊面比平台高出 0.1 mm。将盖玻片盖在 H 形沟槽两侧的脊上后，平台与盖玻片间的空间成为计数室，该缝隙的高度为 0.1 mm（图 23-1B）。每个平台上各有一个方形区域，边长为 3 mm。每个方形区域被分为 9 个大方格，每个大方格边长为 1 mm。计数室的刻度一般有两种规格：一种是一个大方格分成 25 个中方格，而每个中方格又分成 16 个小方格；另一种是一个大方格分成 16 个中方格，而每个中方格又分成 25 个小方格。无论哪一种规格的计数板，每一个大方格中的小方格都是400个，中方格的边为双线，小方格的边为单线。每个小方格的边长为$\frac{1}{20}$ mm，则每个小方格的面积为$\frac{1}{400}$ mm^2，体积为$\frac{1}{4\ 000}$ mm^3，由此得到下列公式：

$$1\ mm^3\ 菌液中的总菌数=小方格中的平均菌数\times 4\ 000\times 稀释倍数$$

$$1\ mL\ 菌液中的总菌数=小方格中的平均菌数\times 4\ 000\times 稀释倍数\ \times 1\ 000$$

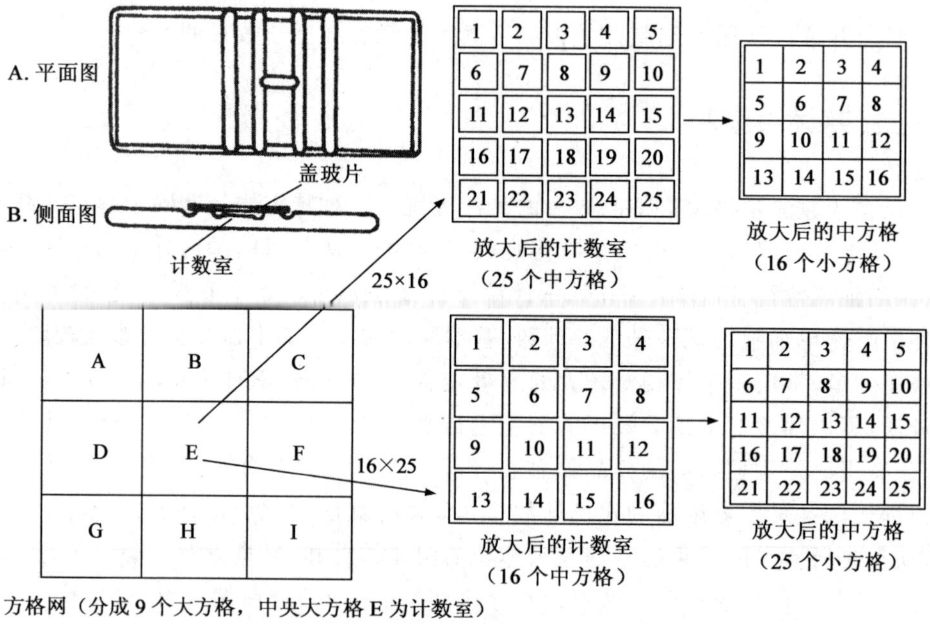

图 23-1　血细胞计数板计数室的构造

三、实验材料与用具

（1）菌种：啤酒酵母（*Saccharomyces cerevisiae*）、曲霉（*Aspergillus* sp.）培养斜面。

（2）溶液和试剂：香柏油，二甲苯，生理盐水等。

（3）仪器和其他用品：普通光学显微镜，血细胞计数板，盖玻片，擦镜纸，软布，接种环，酒精灯，毛细滴管，试管等。

四、实验步骤

1. 菌悬液制备

无菌条件下，将 5 mL 左右的无菌生理盐水加到培养啤酒酵母或曲霉的斜面上，用无菌接种环在斜面上轻轻来回刮取。将制备的悬液倒入盛有 5 mL 生理盐水和玻璃珠的三角烧瓶中，充分振荡使细胞（孢子）分散。曲霉孢子悬浮液随后还应用无菌脱脂棉和玻璃小漏斗过滤，去掉菌丝。上述悬液在使用时可根据需要适当稀释。

2. 检查血细胞计数板

在加样前，应先对血细胞计数板的计数室进行镜检。若有污物，可用自来水冲洗，再用 95% 的乙醇棉球轻轻擦洗，然后用吸水纸吸干或用电吹风吹干。

3. 加样品

将清洁干燥的血细胞计数板盖上盖玻片，再用无菌的毛细滴管将摇匀的啤酒酵母菌悬液或曲霉孢子液由盖玻片边缘滴一小滴，让菌液沿缝隙靠毛细渗透作用自动进入计数室，再用镊子轻压盖玻片，以免因菌液过多将盖玻片顶起而改变计数室的容积。加样后静置 5 min，使细胞或孢子自然沉降。

4. 显微镜计数（本次实验以 25 个中方格的血细胞计数板为例）

将加有样品的血细胞计数板置于显微镜载物台上，先用低倍镜找到计数室所在位置，然后换成高倍镜进行计数。若菌液太浓或太稀，需重新调节稀释度后再计数。一般样品稀释度要求每个小方格内有 5～10 个菌体为宜。每个计数室选 5 个中方格（可选 4 个角和中央的一个中方格）中的菌体进行计数。位于方格线上的菌体一般只数上方和右边线上的。如遇酵母出芽，芽体大小达到母细胞的一半时，即作为两个菌体计数。计数一个样品要从两个计数室中计得的平均数值来计算样品的含菌量。

5. 清洗

使用完毕后，将血细胞计数板及盖玻片按前面介绍的程序进行清洗、干燥，放回盒中以备下次使用。

五、实验结果

显微计数结果

菌种名称		各小方格菌数					两室平均值	菌(孢子)数/mL
		1	2	3	4	5		
啤酒酵母	第一室							
	第二室							
曲霉	第一室							
	第二室							

六、作业及思考题

1. 结合你的实验体会,总结哪些因素会造成血细胞计数板的计数误差,应如何避免?

2. 某单位希望检测一种干酵母粉中的酵母菌存活率,请设计 1~2 种可行的检测方法。

实验二十四　微生物大小的测定

一、实验目的

1. 学习并掌握使用显微测微尺测定微生物大小的方法。

2. 掌握对不同形态微生物细胞大小测定的分类学基本要求，增强对微生物细胞大小的感性认识。

二、基本原理

微生物大小的测定，需借助于特殊的测量工具——显微测微尺，它包括目镜测微尺和镜台测微尺两个互相配合使用的部件。

目镜测微尺（图 24-1A）是一块可放入接目镜内的圆形小玻片，其中央有精确的等分刻度，一般有等分为 50 小格和 100 小格两种（本实验以 100 小格为例）。测量时，需将其放在接目镜中的隔板上，用以测量经显微镜放大后的细胞物像。由于不同显微镜或不同的目镜和物镜组合放大倍数不同，目镜测微尺每小格在不同条件下所代表的实际长度（DIV）也不一样。因此，用目镜测微尺测量微生物大小，必须先用镜台测微尺进行校正，以求出该显微镜在一定放大倍数的目镜和物镜下，目镜测微尺每小格所代表的相对长度，然后根据微生物细胞相当于目镜测微尺的格数，计算出细胞的实际大小。

镜台测微尺（图 24-1B）是一个在特制载玻片中央封固的标准刻度尺，其尺度总长为 1 mm，精确分为 10 个大格，每个大格又分为 10 个小格，共 100 个小格，每一小格长度为 0.01 mm，即 10 μm。刻线外有一外径为 3 mm，线粗为 0.1 mm 的圆，以便调焦时寻找线条。刻线上还覆盖有厚度为 0.17 mm 的盖玻片，可保护刻线久用而不损伤。镜台测微尺并不直接用来测量细胞的大小，而是用于校正目镜测微尺每格的相对长度。

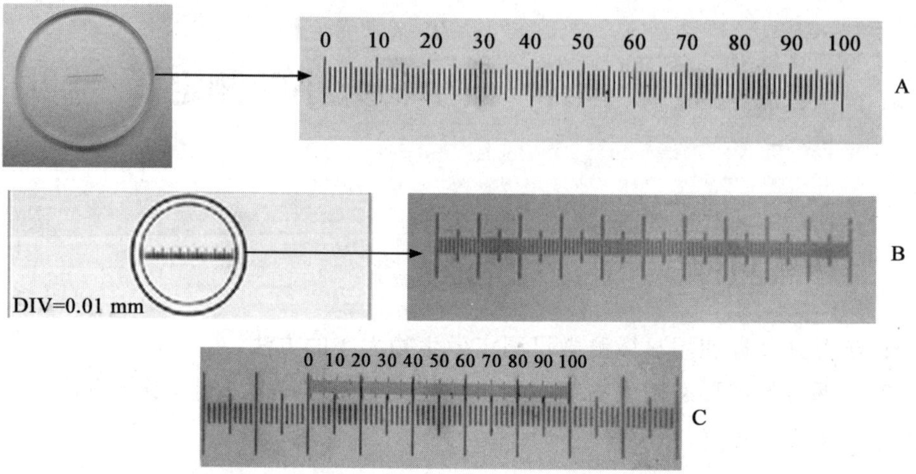

图 24-1 目镜测微尺和镜台测微尺构造示意图

三、实验材料与用具

(1)菌种:啤酒酵母(*Saccharomyces cerevisiae*)、曲霉(*Aspergillus* sp.)。

(2)溶液和试剂:香柏油,二甲苯。

(3)仪器和其他用品:目镜测微尺,镜台测微尺,普通光学显微镜,擦镜纸,软布等。

四、实验步骤

1. 目镜测微尺的安装

取出接目镜,把目镜上的透镜旋下,将目镜测微尺刻度朝下放在目镜镜筒内的隔板上,然后旋上目镜透镜,再将目镜插回镜筒内。

2. 校正目镜测微尺

将镜台测微尺刻度面朝上放在显微镜载物台上。先用低倍镜观察,将镜台测微尺有刻度的部分移至视野中央,调节焦距,当清晰地看到镜台测微尺的刻度后,转动目镜使目镜测微尺的刻度与镜台测微尺的刻度平行。利用推进器移动镜台测微尺,使两尺在某一区域内两线完全重合,然后分别数出两重合线之间镜台测微尺和目镜测微尺所占的格数(图 24-1C)。

用同样的方法换成高倍镜和油镜进行校正,分别测出在高倍镜和油镜下,两重合线之间两尺分别所占的格数。

由于已知镜台测微尺每格长 10 μm，根据下列公式可分别计算出在不同放大倍数下，目镜测微尺每小格所代表的长度。

$$目镜测微尺每小格长度=\frac{两条重合线间镜台测微尺的格数\times 10\ \mu m}{两条重合线间目镜测微尺的格数}$$

3. 菌体大小测定

目镜测微尺校正完毕后，取下镜台测微尺，换上啤酒酵母或曲霉临时制片。先用低倍镜找到标本后，换高倍镜测定其宽度和长度。测定时，通过转动目镜测微尺和移动载玻片，测出啤酒酵母或曲霉直径或宽和长所占目镜测微尺的格数，将所测得的格数乘以目镜测微尺每小格所代表的长度，即为该菌的实际大小。

值得注意的是，同一种群中的不同微生物细胞之间也存在个体差异，因此测定每一种微生物细胞的大小应至少随机选择 10 个细胞进行测量，然后计算平均值。

4. 测定完毕

测量完毕后取出目镜测微尺，将接目镜放回镜筒，再将目镜测微尺和镜台测微尺分别用擦镜纸擦拭干净，放回盒内保存。

五、实验结果

微生物大小的测量

菌种名称	目镜测微尺每小格代表的长度/μm	目镜测微尺平均格数		菌体大小/μm
		宽	长	
啤酒酵母				
曲霉				

六、思考题

1. 为什么更换不同放大倍数的目镜或物镜时，必须用镜台测微尺重新对目镜测微尺进行校正？

2. 在不改变目镜和目镜测微尺，而改用不同放大倍数的物镜来测定同一微生物的大小时，测定结果是否相同？为什么？

实验二十五　植物的抗病性和病原菌的生理小种鉴定

一、实验目的

利用和培育抗病品种，是防治病害的根本性措施，要搞好抗病育种工作，必须熟练掌握植物抗病性和病原物生理分化的测定方法，病害的性质不同，其寄主抗病性和病原物生理分化测定的方法也不同。选小麦条锈病作实验内容，学习植物抗病性鉴定和病原物生理分化测定的基本方法，以便为今后抗病育种工作打下坚实的基础。

二、内容、材料和方法

(一)夏孢子的分离纯化与繁殖

进行抗病性鉴定，需要足够的菌量，故需对采集标本上的锈菌加以活化繁殖，菌量够用后即开始品种抗病性鉴定，繁殖菌种的方法如下：

1. 种接种苗

选取籽粒饱满的小麦万能感病品种铭贤 169 种子，提前 7～10 d 播种于直径为 15 cm 的花盆中，每花盆播种 15 粒。

2. 接种

待麦苗第一叶完全展开时，每盆保留长势较好的麦苗 6 株即可接种，接种常用的方法有以下两种：

(1)涂抹法：将标本上的夏孢子用盾针（木牙签削扁做成的瓜子形拨针）刮下，放在盛有少量水的培养皿中或载玻片上，制成孢子悬浮液，用盾针蘸孢子悬浮液少许，或直接用盾针蘸标本上的夏孢子粉，在麦叶背面（因叶背气孔较多）由基部向上涂抹。此法操作较慢，只在孢子量少或接种苗数不多时使用。

(2)喷雾法：孢子量多时，可在培养皿中调成孢子悬浮液，用喷雾器喷洒。配制孢子悬浮液时，先用少量水调成稠糊状，待孢子表面充分湿润后，再逐步加水稀释，以免孢子漂浮在水面上。

为了提高接种效果，接种前两种方法均需去掉叶表面的蜡层：将 0.05％的吐温 20 溶液均匀喷洒于待接种的小麦叶片上，用手轻轻撸去小麦叶片表面的蜡质，从而对小麦叶片进行脱蜡处理。接种前，将标样铺于有吸水纸的保湿皿中 13～15℃保湿 8～12 h。用接种针于保湿处理过的标样上挑取单个夏孢子堆，轻涂于脱蜡处理过的麦叶正面的雾滴上。

3. 保湿

锈菌夏孢子需要在叶面有水滴或水膜的高湿条件下方能萌发侵入，所以接种后于 9～13℃条件下黑暗保湿 18～24 h，然后转移至人工气候箱内，温度为 17℃/14℃（日/夜），每日光照 14 h。

4. 接种后管理

(1)光照：将接种过的麦苗自保湿箱中取出后放在有日光的地方，冬季在温室中一般还要给以辅助光照。辅助光照多用 40 W 日光灯或 100 W 灯泡，在傍晚和夜间补充照射，对形成孢子或锈病症状的正常反应都很有利，日光灯更好些，因为近照麦苗时，不至于热力伤苗。

(2)温度：秆锈菌的潜育适温是 20～25℃，叶锈菌是 18～22℃，条锈菌较低，为 13～15℃。

(3)湿度：在接种后潜育期内，湿度虽不像光照和温度那样重要，但与孢子形成和症状的正常反应也有一定关系，因此，温室中应经常洒水，以提高室内空气湿度。

(4)防止污染：无论生理小种鉴定，还是品种抗锈性测定，都要注意保持菌种纯度，防止污染，操作时要严格消毒，接种针每挑取一个标样上的孢子后要经灯焰灭菌，凡改换菌种标样都需用 70％的酒精擦手消毒。

5. 菌种的收集和保存

接过种的麦苗，待孢子堆长出后，要随时收集孢子并加以妥善保存。

(1)收集菌种：保存的菌种成熟度一定要好，因此，采集时不宜刮取，而应将指形管套住麦叶后，轻轻弹动管壁震落孢子，每个小指形管内装孢子 0.5 cm 厚即可，不宜太多。

(2)保存菌种：保存菌种常用以下两种方法：

干燥保存法：将装有孢子的指形管，用双层纱布包住管口，放入干燥器内，再将干燥器放在 2～4℃的冰箱内，此法可保存 1～3 个月。

半真空保存法：将孢子装在安瓿瓶中，瓶中堵以少量脱脂棉，由抽气机将瓶中气压抽至1 mm水银柱，然后将瓶口用火烧封闭，放在2～4℃冰箱中，可保存1年左右。

(二)抗锈性鉴定

品种抗锈性鉴定分为室内鉴定和大田鉴定。

1. 室内鉴定

室内鉴定在温室进行，其优点是温、湿、光等环境条件便于控制，可避免互相污染，特别是能在较短的时间内鉴定大量的品种。室内鉴定，一般作苗期鉴定，必要时亦可对少数重点品种作室内成株期鉴定。

(1)苗期鉴定：播前先将待鉴定寄主登记编号，再按编号次序种在小花盆中，每个小花盆种2～4个品种，每个品种播10粒，播后插标牌记录品种位置，按顺时针方向插在每个品种第一粒种子的位置。幼苗长出第一片叶后即可接种。注意接种前叶片一定不能去蜡层，因为叶面蜡层恰是某些品种抗病的原因，接种常用以下方法。

喷雾法：以0.1%的琼脂水或0.1%的中性肥皂水配制孢子悬浮液，并喷布叶表，水与孢子没有一定的比例，一般悬浮液略呈黄色即可。

撒粉法：将孢子与滑石粉按1∶(30～40)的比例混合均匀，装在指形管中，用双层纱布包住管口，待接种麦苗喷水后，用拇指和中指挟持指形管。以食指轻弹管壁，使孢子粉均匀落在叶表。此法的优点是简便易行，而且稀释的孢子粉为白色，容易撒匀，滑石粉落在叶面的水珠上后将水吸收，以后夏孢子又从吸了水的滑石粉中吸水萌发，接种效果较好。

接种用的菌种，可分别用不同的小种单接也可将几种混合混接。一般先混合接种，进行初步鉴定和筛选，再分别接种作进一步的鉴定，接种保湿方法同前。

(2)成株期鉴定：成株期鉴定用大花盆，每盆种一个品种，每品种需10株，单独或混合小种接种，在拔节、孕穗、抽穗等不同发育阶段，以涂抹法、喷雾法、撒粉法接种均可，保湿方法同前。

(3)观察记载：苗期和成株期鉴定接种后，在鉴定寄主症状表现最宜观察时(约15 d)进行调查，小麦品种抗锈性程度以反应型表示，通常分为O、O;、1、2、3、4、X七级，小麦品种对条锈菌侵染的反应型记载标准见表25-1。

小麦苗期抗锈性与成株期抗锈性一般是一致的，但也有例外，因此，室内鉴定结果可作为大田鉴定的参考。

表 25-1　小麦品种对条锈菌侵染反应型的记载标准

记载符号	抗病性程度	反应型说明
O	完全免疫	既无夏孢子堆，也不发生任何过敏性枯斑
O;	近于免疫	不产生夏孢子堆，但发生黄白色的过敏性枯斑
1	高度抗病	有微小的夏孢子堆发生，但其周围环绕有明显的枯死斑
2	抗病	有小到中等大小的夏孢子堆，但孢子堆常居绿岛中，绿岛周围有明显的失绿圈或枯死圈
3	感病	夏孢子堆大小中等，罕有联合，孢子堆周围无枯斑，但有时孢子堆周围会有失绿圈，特别是寄主生长在不适合的条件下容易发生
4	高度感病	夏孢子堆甚大，常互相联合，周围无枯斑，但寄主在生长不适宜时，孢子堆周围会有失绿圈
X	混合型	夏孢子堆大小不一，在同一叶片上或同一植株上，会有各种抗病和感病类型的反应型，无法机械地分开，如再接种鉴定时，小夏孢子堆会发生大夏孢子堆，或者反之

2. 大田鉴定

大田鉴定顾名思义，即在田间进行，其突出的优点是更接近自然条件。其方法是，在田间设小麦品种抗病性鉴定圃，病圃设计一般为：

(1)初级试验

①每品种一行，行长 0.99 m(3 尺)，行距 0.33 m(1 尺)，不设重复。每种 9 个品种后种丰产品种对照一行，品种四周种两圈感病品种，作保护行，同时用作接种。

②二杆行：设计同上，重复两次。

③五杆行：每品种 3 行，行长 1.98 m(6 尺)，重复 5 次，每 5 或 9 个品种后种丰产品种对照和感病品种各三行，接种时除在周围保护行接种外，也可在感病品种上接种。

(2)高级试验：十杆区或区域试验，每品种种 3 行，行长 1.98 m(6 尺)，重复 10 次，在圃中按实验田大小，纵横加感病品种接种行 1～2 行呈“田”字形，用作接种。

(3)接种方法：已抽穗的小麦用喷粉、喷雾法接种，注意在高湿的傍晚进行。

(4)观察记载：仅记反应型，方法同室内鉴定。

(三)生理小种鉴定

1. 鉴定步骤

从田间收到一个锈病标本(以下称标样)到确定它属何生理小种，大致经过如下程序:标样采集→标本保存(保存在冰箱内)→扩繁菌种→收取夏孢子粉→接种鉴定。

2. 鉴定方法

扩繁菌种、收取夏孢子粉和接种的具体方法同抗锈性鉴定。生理小种鉴定,是观察某一标本在一整套鉴定品种上的反应型(反应型记载标准见表 25-1)。然后查阅检索表,最后确定该标样属何小种。所有标样都鉴定之后,统计某一小种出现的频率。在反应型符号的后面,有时还加一些附加符号,这些符号的意义如下:"+"或"-"指反应型的差异范围,"++"指差异的最高限,"="指差异的最低限,"±"指差异在"+"和"-"之间。

三、作业及思考题

1. 写出鉴定生理小种的实验报告。

2. 试分析品种抗病性鉴定和生理小种鉴定的重要意义。

3. 品种抗锈性鉴定,室内鉴定和大田鉴定的优缺点何在?各在什么情况下应用?

实验二十六　种子带菌检测

一、实验目的

洗涤检验是植物种子带菌量的重要检验方法，本实验以小麦种子为材料，通过洗涤检验测定小麦种子的带菌量，使学生掌握种子带菌洗涤检验的基本方法，并能在实践中加以运用，能对小麦上重要检疫性病菌进行识别和鉴定。

二、基本原理

洗涤检验在检疫中广泛用于检查附着在粮食和其他种子表面的各种菌物孢子。如禾谷类种子上的黑粉病菌、小麦矮腥黑穗病菌等。其原理是一定量的种子，加入一定体积的无菌水或其他洗涤液，经振荡后可使附着在种子表面的病菌孢子充分洗涤下来。然后直接取悬浮液观察，或悬浮液经离心浓缩后定容至一定的体积(体积大小以便于镜检观察为度)，立即取一滴悬浮液滴于载玻片上，用显微镜检查，可鉴定病原种类，并计算每粒种子上的孢子负荷量。

三、实验材料与用具

台式天平、量筒、烧杯、离心机、离心管、三角瓶、光学显微镜、解剖针、血细胞计数板、测微尺、吸管、载玻片及盖玻片等，小麦种子，蒸馏水。

四、实验步骤

称取 10 g 小麦种子，放入三角瓶内，加入无菌水 50 mL，振荡 5～10 min，使附着在种子表面的病菌孢子冲洗下来。将悬浮液倒入洁净的离心管内，2 000～4 000 r/min 条件下离心 10 min，使病原菌孢子完全沉于管底，倒出上清液，每个离心管中加入少量的蒸馏水，振动离心管使沉淀充分悬浮，将各离心管中的悬浮液合并后，用量筒定容至 1 mL。立即取一滴悬浮液滴于载玻片上，用显微镜检查，观察病原形态，并计算单位重量种子上的孢子负荷量。

为保证检测的可靠性，一般每一样品的洗涤液至少要镜检 5 个玻片。计算单位种子的带菌量可采用以下方法。

(一)平均视野推算法

吸取 1 滴悬浮液放在玻片上，每个玻片检查 10 个视野，5 个玻片共 50 个视野，统计观察到的孢子数量，并求出每个视野的平均孢子数。用显微镜测微尺测定在一定的放大倍数下各视野的半径，算出每一视野的面积。根据盖玻片的面积，计算全玻片的视野数，再根据视野数、平均每视野上的孢子数、每毫升悬浮液的滴数计算出单位重量种子的带菌量。

单位重量种子的孢子量＝[平均每视野孢子数×盖玻片的视野数×每毫升悬浮液的滴数×悬浮液体积(mL)]/种子重量(g)

(二)血细胞计数板测定孢子数

血细胞计数板上刻有许多小方格，每一小方格的边长为 0.05 mm，面积为 0.002 5 mm^2，深度为 0.1 mm，故每一小方格的体积为 0.002 5 mm^2×0.1 mm＝0.000 25 mm^3，即 1/4 000 000 mL。

操作时，先将盖玻片盖在计数板的刻度处，然后用吸管吸取所需测定的悬浮液小心地从玻片的一侧将一滴悬浮液注入计数板刻度处与盖玻片间(注意液体不可溢出，并避免盖玻片下有气泡)。轻压玻片，然后将计数板置于显微镜下检查。通常共观察 80 个小格(或 5 个中方格)，统计其中的孢子数量，求出平均每小格内的孢子含量，再乘以 4 000 000，即为 1 mL 悬浮液中的孢子数。由该孢子数乘以悬浮液体积，得出原有悬浮液的孢子总含量，除以检验种子的重量，即单位重量种子上的孢子负荷量。

采用以上方法计数时，也可根据单位重量种子的孢子数计算出每粒种子的平均带菌量：

每粒种子的平均带菌量＝单位重量种子的孢子数/每克种子的种子粒数

五、作业及思考题

1. 计算单位重量种子的孢子携带量。

2. 从孢子大小、网脊高度、胶质鞘厚度 3 方面比较小麦矮腥黑穗病菌和网腥黑穗病菌冬孢子形态的异同。

实验二十七　温室盆钵法测定杀菌剂的药效及药害

一、实验目的

化学防治是控制植物病害的有效方法之一。杀菌剂在推广使用之前必须进行必要的药效和药害的测定，根据其剂型和防治对象的不同，药效和药害的测定方法多种多样。防治疫病、叶霉病、白粉病和锈病等地上部病害的杀菌剂，采用温室盆栽试验测定药效和药害是一种很好的方法。

本实验选用小麦白粉病菌(*Blumeria graminis*)为材料，在接种前和接种后喷撒药剂，研究比较药剂对该菌及小麦的作用特点。

二、内容、材料和方法

1. 育苗

选高感小麦白粉病的小麦品种，在直径约 9 cm 的小花盆中播 3 粒，出苗后留 2 株健苗长至三叶期备用。

2. 繁菌

将从田间采集的小麦白粉病病叶，直接用孢子接种在育好的高感小麦的幼苗上繁殖菌种。

3. 杀菌剂

粉锈宁 25%可湿性粉剂。

4. 施药

将供试药剂分别配成 0、10、100 和 1 000 mg/L 的水溶液，每一浓度选用 2 盆供试麦苗，采用喷雾法喷洒药剂，每盆使用药剂大约 5 mL，药效测定分预防效果和治疗效果两组试验；药害测定应用粉锈宁，配成 0、100、1 000 和 10 000 mg/L 的浓度，选四叶期麦苗进行喷药，每盆喷药 2 mL，每个浓度梯度做 3 个重复，在温度 20～23℃，相对湿度 65%～70%下保持 7 d 后调查。

5. 接种白粉菌

采用喷粉法接种，接种时将白粉病菌的分生孢子按 1∶10 的比例与滑石粉混合均匀，装入指形管或试管内，用单层纱布封住管口，倒置指形管，轻轻振动，将分生孢子均匀地撒在叶片上，然后将花盆放入保湿箱内，不再喷水，保湿 12 h，要特别注意白粉菌的分生孢子在水滴中反而萌发不好。

三、调查方法及结果记录

1. 药效测定

接种后在限定的时间内对不同处理的小麦白粉病为害情况进行调查和记载，计算各处理的防治效果可参照公式：

$$防治效果=\frac{对照区病情指数-处理区病情指数}{对照区病情指数}\times 100\%$$

以上公式对于预防效果和治疗效果同样是适用的。但在测定药剂的治疗效果时，如果接种前各处理所用的麦苗发病不一致，可采用下面的校正公式：

$$防治效果=\frac{1-(处理区处理前病情指数-处理区处理后病情指数)}{对照区病情指数-对照区处理前病情指数}\times 100\%$$

记载项目包括各处理的接种株数和处理前后各株下数第一、二、三片叶的发病程度（以严重度和病斑型表示）。在检查药效时，还要注意观察药剂对白粉病菌斑及分生孢子堆有无抑制扩展和杀伤的作用。

2. 药害测定

施药后 7 d 调查在不同浓度下各药剂对小麦产生的药害情况，包括：叶片黄化、卷叶、枯死斑数、叶片枯死等。

3. 白粉病发病调查标准

（1）发病率（或普遍率）：指白粉病发生的普遍程度，即病叶数占调查总叶片数的百分比。注意只调查下数三片叶，以后抽出的叶片不能统计在内。

（2）严重度：指每片病叶上孢子堆数量的多少。以叶片上的孢子堆数占叶片总面积的百分比表示。

（3）病情指数（发病指数）：指普遍率和病叶平均严重度的乘积。

（4）病斑型：病斑型主要用来描述品种的抗病性。药效测定时，应用的是感病品种，但由于药剂的作用，可能会产生不同的病斑类型，麦类白粉病的病斑类型可分为五级：

0 级:免疫,没有可见病斑或菌丝。

1 级:高抗,叶片只有有限的菌丝体。

2 级:中抗,叶面菌丝体量中等,有一些分生孢子堆,组织轻微坏死或褪绿。

3 级:中感,菌丝体量很多,孢子产生量有限,有一些坏死和褪绿。

4 级:高感,孢子堆量很大,产生大量孢子,没有坏死。

四、作业及思考题

1.写出一种药剂的药效、药害测定的实验报告。

2.本试验在实施时为减少误差都应注意哪些环节?如何改进?

3.根据白粉菌的特点,在孢子保存、接种和菌种繁殖时应注意哪些问题?

4.怎样使各处理的接种量保持一致?请设计一种实验方法来满足这一要求。

实验二十八　杀菌剂田间药效试验

一、实验目的

杀菌剂田间药效试验的目的是解决具体生产中出现的实际问题，为病害防治提供新药剂和合理使用方法，因此，田间试验应在深入调查研究室内试验的基础上进行，应具有针对性、典型性和科学性。

二、基本原理及方法

(一)田间药效试验的类型

1. 药剂品种(或剂型)比较试验

在室内筛选的基础上，挑选好的药剂，在田间针对防治对象进行比较，鉴定其使用价值，挑选好的再作进一步的试验推广使用。

2. 药剂使用方法试验

对供试药品进行施药浓度、施药量、施药时期、施用次数、混用和间用的性能及施药方法诸方面的试验，以找出最有效、最安全、最经济的使用方法。

田间药效试验的一般顺序是先作品种比较试验，择优作使用方法试验。但两者也可以结合进行，如在品种比较的同时兼作浓度或药量的比较。只有一种处理要素的试验称单因子试验，综合比较几种处理要素的，称多因子试验。

(二)试验地及试验品种的选择

药剂田间药效试验，除了考虑地势、土壤肥力、栽培、管理诸因素外，还应选择病害分布均匀一致的地块，对气流传播的病害，还应注意菌源的方位、距离及风向对病害的影响。试验地最好是自然发病的，若不易找到，则应考虑进行人工诱发或人工接种。选择的试验地应发病比较严重而且病情指数一致，因为发病轻不易看出不同药剂或使用方法间的差别。对叶面喷雾(粉)用杀菌剂而言，以对照区发病30%～60%以上较为理想；种子消毒剂应在无病田进行，以避免土壤带菌的干扰；对土壤内植物残体或土壤带菌的病害应要求前茬作物一致，栽培措施相同，地面平坦，无沟、埂、垄和坑分布。

试验品种一般应选择感病品种，使田间发病较重，适于试验处理间的比较，但若供试药剂效果不太好，也可选耐病品种供试，以利比较。

(三)小区试验的设计

根据田间试验的性质和要求，田间试验设计时，可分为小区试验和大面积生产试验。在田间小区试验中，小区的形状与病害的均匀性有关，一般以长方形或正方形为好，具体设计时应据对象病害的分布特性等因素决定，处理的数目在一个试验中重复次数以3～5次为宜，不应少于2～3次。药效比较试验应设计对照区，对照有不施药的空白对照与标准药剂对照，标准药剂应选当地常用的药剂，最好能选与供试药剂性质相似者。为避免病虫及药剂在邻区(田)之间的相互干扰，在试验地四周应设保护区，在小区之间及重复之间可酌情设隔离区。小区的排列目前有些单位常用对比法，但以随机区组及拉丁方排列法更为精确。

(四)施药技术

1. 喷药时期

喷药时期应根据药剂性质及病害发生特点选定。测定药剂的保护性能，应在病菌侵入前喷药，此时必须注意喷药与侵入之间的间隔日数(若间隔日数超过了药剂的残效期，则不适合)。测定药剂的治疗作用，一般在侵入或发病后喷药。发病后喷药要准确记载喷药前各小区的病情。病情指数的差异和病害发展对药效有较大的影响，对照区与处理区的病情指数相差不宜超过5%。

2. 喷药次数

在药剂品种(或剂型)比较单因子试验中，喷药次数不是重点，一般在侵入前或发病后喷施一次即可。在涉及确定喷药次数的试验中，应按药剂性质与对象病害的特点设计。从实用的观点看，除果树及某些蔬菜外，喷药次数不宜超过2～3次。

3. 药剂浓度

可参考同类药剂的惯用浓度或者供试药剂防治其他病害所用浓度设计。一般药剂品种比较试验，所用浓度梯度不宜太多，在已确定适宜喷药浓度为目的的试验中，可参考药效试验的初步结果缩小作用浓度的差距，予以更细致的划分。

4. 施药注意事项

喷粉及喷雾时，常受到邻区之间药粉或药液飞散的干扰，为避免此种误差，在喷药时应用塑料布将喷药小区与邻区隔离，小区面积太小不便隔离时，可在处理之间、重复之间种植隔离行(区),或采用不调查小区周边几行的做法。

喷药前应注意天气情况,不要在降雨或大风前喷药,在转换药剂时喷粉器与喷雾器必须清洗干净,同一药剂要从低浓度向高浓度顺序喷施,同一重复各小区喷药时,一般不应换人,以免造成药量掌握等方面的人为误差。各小区的用药量及喷施质量应一致。

(五)田间药效试验的调查记载

1.发病和药效调查

药效指标:通常调查对照区及处理区的病株率(或病叶率、病茎率、病果率等)及病情级别(严重度),计算病情指数,按下式计算防治效果:

$$相对药效=\left(1-\frac{处理区病情指数}{对照区病情指数}\right)\times100\%$$

如需考察药剂的治疗效果,还可以计算绝对药效:

$$绝对药效=\left(1-\frac{处理区病情指数增长值}{对照区病情指数增长值}\right)\times100\%$$

病情指数增长值=药效检查日期病情指数-施药日期病情指数

除了根据病情指数计算药效外,按对象病害、药剂性质及试验要求的不同,还可根据单株(单叶)平均病斑数目,病斑类型及其扩展速度,发病率及其增长速度,孢子形成数量等指标计算药效。

取样:若小区很小,应除掉边行全部检查,若小区较大,则应取样检查。

调查时期:通常在施药前 1 d 或当天进行病情基数的调查,施药后 7、10 d(此时间可根据残效期及病害发生情况决定)检查药效,必要时在间隔一定时间后或作物成熟前再检查一次。但是,如想精确了解药剂的作用性质及影响药效的因素,应在对照区及处理区定点定期系统调查病情发展的动态。

2.药害调查

药害有急性药害与慢性药害的区别,应调查记载药害的有无,出现药害的时期,药害症状及程度,作物生长发育的异常现象等,还应当注意药剂对产量和品质的影响,对果树等多年生作物,应观察对次年的生育是否有不良影响。

3.环境调查

调查记载试验期间的气象(特别是降雨和风力),试验区的自然条件和栽培管理情况等,以供分析药效和药害参考。

三、实验结果

不同药剂田间药效试验结果(以____病害为例)

药剂处理	病情指数	相对药效 (各重复平均值)/%	绝对药效 (各重复平均值)/%

注:差异显著性标注在相对药效和绝对药效数值之后。

实验二十九　植物病害增长模型的建立

一、实验目的

1.学习病害的系统调查方法。

2.掌握病害时间动态模型的建立过程。

二、基本原理

植物病害增长模型是定量描述病害发展过程的数学模型，它强调的是建立病害群体动态数学模型和确定其中的速率参数的重要意义，以加深对病害发生规律的认识。

1.建立植物病害增长模型的基本步骤

(1)数据整理。

(2)在二维坐标系中做散点图，确定线性关系。

(3)依据散点图的形状选择合适的曲线方程。

(4)将选定的曲线方程作线性转化。

(5)按解直线回归方程的方法计算其参数。

(6)将参数带回原方程。

2.以青稞条锈病为例说明病害增长模型的建立过程

根据2012年林芝地区的观察资料(表29-1)，拟合青稞条锈病发展过程的时间动态曲线。

表29-1　青稞条锈病随时间的发展变化

项目	日期(月-日)									
	5-10	5-15	5-22	5-27	6-2	6-7	6-14	6-19	6-26	7-1
时序	1	6	13	18	25	31	37	43	51	57
病叶率	0.00042	0.0048	0.0086	0.015	0.050	0.116	0.216	0.414	0.764	0.79

(1)将青稞条锈病调查日期转换为时序数值，以时序值为自变量，病叶率为因变量绘制散点图(图 29-1)。

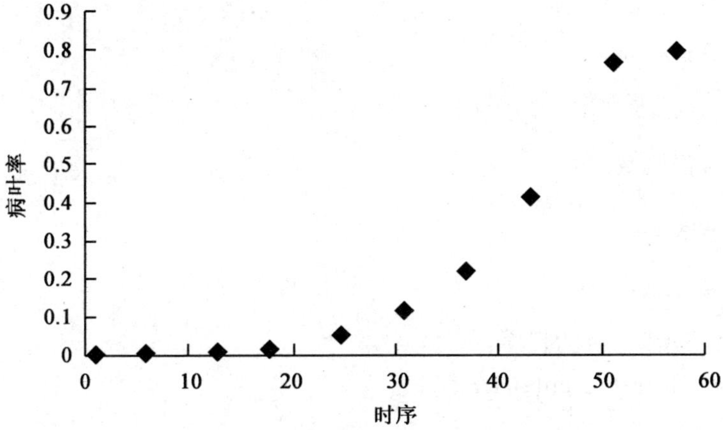

图 29-1　青稞条锈病随时间变化的散点图

(2)选择合适的曲线方程。

依据散点图，我们可以选择以下几种方程：

A. 直线方程

$y=A+Bx$

B. 单分子模型

$y=1-Be^{-r_m t}$

C. 高姆比兹模型

$y=e^{-Be^{-r_g t}}$

D. 逻辑斯蒂模型

$y=\frac{1}{1+Be^{-r_L t}}$

(3)曲线方程线性化。

A. 直线方程

$y=A+Bx$

B. 单分子模型

$$\ln \frac{1}{1-y}=\ln B+r_m t$$

C. 高姆比兹模型

$$-\ln(-\ln y)=-\ln(-\ln B)+r_g t$$

D. 逻辑斯蒂模型

$$\ln \frac{y}{1-y}=\ln B+r_L t$$

(4)求解参数。

这里给出 SAS 分析的程序：

```
DM“Log;Clear;Output;Clear;”;
Data new;
Input X   Y@@;
L=log[Y/(1-Y)];
M=log[1/(1-Y)];
G=log[1/log(1/Y)];
Cards;
1  0.00042  6  0.0048  13  0.0086  18 0.015  25  0.050  31  0.116
37  0.216  43  0.414  51  0.764  57  0.79
Proc reg;
Model Y L M G=X;
Run;
```

该 SAS 程序运行结果为：

直线方程：$Y=-0.1829+0.01511X$，$R^2=0.8181$。

单分子模型：$Y=-0.3759+0.02970X$，$R^2=0.7318$。

高姆比兹模型：$Y=-2.3833+0.06349X$，$R^2=0.9372$。

逻辑斯蒂模型：$Y=-6.9333+0.1545X$，$R^2=0.9771$。

依据参数对应关系，分别计算各个模型的参数：

A. 直线方程：$A=-0.1829$，$B=0.01511$。

B. 单分子模型：$\ln B=-0.3759$，$B=e^{-0.3759}=0.6867$，$r_m=0.02970$。

C. 高姆比兹模型：$-\ln(-\ln B)=-2.3833$，$B=e^{-2.3833}=1.9588\times10^{-5}$，$r_g=0.06349$。

D. 逻辑斯蒂模型：$\ln B=-6.9333$，$B=e^{-6.9333}=9.7478\times10^{-5}$，$r_L=0.1545$。

依据决定系数(R^2)的大小，可以看出逻辑斯蒂模型(决定系数为 0.977 1)在 4 种模型中能很好地描述林芝地区青稞条锈病发生变化的动态过程。

(5)将参数带回原方程。

$$y=\frac{1}{1+0.000097478e^{-0.1545t}}$$

对该方程各个参数估计值的 t 测验结果见表 29-2。

表 29-2　参数估计值的 t 测验

变量	自由度	参数估计	标准误	t 值	概率值 P
截距	1	−6.933 3	0.279 4	−24.818	0.000 1
x	1	0.154 5	0.008 354	18.489	0.000 1

三、材料

计算机、SAS 软件、Excel 软件。

四、实验步骤

(1)确定某一病害作为研究对象，依据其发生特点，制定具体的调查方案。

(2)系统调查记载病害发生情况(病株率、病叶率等)。

(3)按照时序绘制病害发生发展变化的散点图，依据散点图的形状选择合适的曲线方程。

(4)将选定的曲线方程作线性转化。

(5)按解直线回归方程的方法计算其参数，并将参数代回原方程。

五、作业

依据病害发生情况的调查结果，绘制其发展过程的时间动态曲线，建立病害发生发展过程的时间动态模型。

实验三十　土壤中放线菌的分离及拮抗活性测定

一、实验目的

从土壤中分离、纯化放线菌，了解土壤放线菌的分离方法，初步掌握拮抗微生物的分离纯化方法和操作技术。

二、基本原理

放线菌是人们研究最早并应用到农业生产中的具有抑菌活性的微生物，其中土壤中放线菌数量最多，种类最丰富。通常情况下，放线菌在比较干燥、偏碱性、含有机质丰富的土壤中数量居多，因地理分布、植被及土壤性质的不同，放线菌的种类、数量和拮抗性也各不相同。

三、实验材料与用具

试剂：可溶性淀粉，KNO_3，$K_2HPO_4 \cdot 3H_2O$，NaCl，$FeSO_4 \cdot 7H_2O$，$MgSO_4 \cdot 7H_2O$，琼脂，盐酸，氢氧化钠，pH 试纸，重铬酸钾，葡萄糖，玉米粉，黄豆粉，酵母膏，牛肉膏，$(NH_4)_2SO_4$，$ZnSO_4$，马铃薯。

仪器：微波炉，电磁炉，干燥箱，玻璃涂布棒，50 或 100 mL 量筒（灭菌），90 mm 培养皿（灭菌），1 mL 枪头（灭菌），移液器，标签纸，小玻璃珠（灭菌）等。

风干土壤。

四、实验步骤

（一）土壤中放线菌的分离与纯化

1. 高氏 1 号合成培养基

可溶性淀粉 20 g，KNO_3 1.0 g，$K_2HPO_4 \cdot 3H_2O$ 0.5 g，NaCl 0.5 g，$FeSO_4 \cdot$

$7H_2O$ 0.01 g，$MgSO_4 \cdot 7H_2O$ 0.5 g，pH 7.2～7.4，琼脂 20 g，水 1 000 mL，分装，高压蒸汽灭菌。

2.土壤中放线菌的分离

称取土样 10 g，放入装有玻璃珠和 90 mL 无菌水的三角瓶中，振荡摇匀约 20 min，使土与水充分混合分散。用 1 mL 无菌枪头从中吸取 1 mL 土壤悬液注入盛有 9 mL 无菌水的试管中，吹吸 3 次，并振摇使之充分混匀，然后再用 1 mL 无菌枪头从此试管中吸取 1 mL 注入另一盛有 9 mL 无菌水的试管中，依此类推制成 10^{-1}、10^{-2}、10^{-3}、10^{-4}的各种稀释度的土壤溶液，将 10^{-3}和 10^{-4}的稀释液分别涂布于提前准备好的高氏 1 号合成培养基上（为了抑制菌物生长，在培养基中按照每毫升 100 μg 重铬酸钾的量加入），每个处理 3 次重复。

3.纯化

经过形态特征比较进行简单地去重复后，用高氏 1 号培养基纯化，在 28℃恒温培养箱中倒置培养以备用。

4.放线菌发酵液制备

发酵培养液：葡萄糖 9 g，玉米粉 9 g，黄豆粉 9 g，酵母膏 1.2 g，牛肉膏 0.3 g，$(NH_4)_2SO_4$ 1.2 g，$K_2HPO_4 \cdot 3H_2O$ 0.12 g，$FeSO_4 \cdot 7H_2O$ 0.006 g，$ZnSO_4$ 0.003 g，$MgSO_4 \cdot 7H_2O$ 0.06 g，NaCl 0.6 g，蒸馏水 300 mL，pH 7.4～7.6。

（二）靶标菌的活化与培养

1.培养靶标菌用的培养基

马铃薯葡萄糖琼脂培养基（PDA）：马铃薯 200 g，葡萄糖 20 g，水 1 000 mL，琼脂 15～20 g，pH 自然。

2.靶标菌的活化

将靶标菌：小麦赤霉病菌、番茄灰霉病菌、南瓜枯萎菌、小麦根腐病菌在 PDA 上活化培养，在 25℃恒温培养箱中倒置培养以备用。

（三）拮抗菌筛选

1.固体（琼脂块）测定法

将待测菌株接种在高氏 1 号平板培养基上，待其长出成熟的菌落后，用打孔器将供试病原菌的菌苔打成直径为 5～6 mm 的小菌块，并将其移入到病原菌 PDA 平板培养基中，将待测菌与病原菌呈十字交叉排列，即病原菌在中央，待测菌置于距病原菌 40 mm 处，培养 3～4 d 后，如果待测菌对病原菌有抑制活性，则在待测菌周围会形成一个没有生长病原菌的抑菌圈，于 96 h 测量抑菌带宽度。

2. 发酵液测定法

将放线菌菌株在高氏 1 号培养基平板上 28℃培养 5 d，待长出菌落后，取直径 4 mm 菌饼，接种于发酵培养基液中，28℃ 180 r/min 振荡培养 7 d，将发酵液在 10 000 r/min 下离心 20 min，取上清液经直径 0.45 μm 的细菌过滤器过滤得到无菌发酵滤液。在 PDA 平板中央接种病原菌菌饼，在距病原菌 40 mm 处十字对称用直径 5 mm 打孔器打孔，用移液器吸取 50 μL 发酵液于琼脂孔中，置 25℃恒温培养箱中培养，于 96 h 测量抑制率：

$$\text{抑制率}(\%)=\frac{\text{对照菌落直径}-\text{处理菌落直径}}{\text{对照菌落直径}}\times 100\%$$

五、作业

比较土壤中分离出来的不同放线菌对不同靶标菌的皿内拮抗效果。

实验三十一　植物病理生物绘图技术

一、实验目的

绘图是研究生物科学的一项重要技术，对植物病理学也不例外，如病原物的形态学和分类学研究，有时文字所不能或不易说明的，绘图可以表达出来，科学论文、专著、报告和教材有恰当的插图配合，将更具说服力，为文章添色增辉。生物科学绘图，不同于美术作品，它以科学性为标准，要求形体正确，比例正确，倍数正确，色彩正确，即形象必须真实，这就要求绘图者，除具一定的专业基础知识外，必须掌握生物绘图的基本功。

二、内容、材料和方法

(一)病原菌形态图的绘制

以点线法绘制黑白图的步骤和方法如下：

1. 初稿的描绘

用普通白纸、铅笔(1H)起稿，先确定图幅大小，一般要比制版尺寸大一些，但不能超过1倍，制版时再缩小，有提高原图质量的效果，当然如能精良绘制，亦可原图制版，如在一张图上绘出几个内容，如分生孢子梗和分生孢子，子囊壳，子囊和子囊孢子，则应按图幅大小求出初稿上各部比例尺寸，其比例大小需按显微测微尺度量算出。有的目测描绘，有的用显微绘图仪描绘轮廓，形成初稿。

2. 原稿的形成

将硫酸纸蒙于初稿上描绘，在用铅笔时，笔头必须削尖，轻描，以便修改和保持图面清晰，橡皮要软而不带颜色，以免沾污画面。

3. 原图的完成

用绘图笔蘸碳素墨水照原稿线条描出全部线条轮廓，然后根据病原菌各部分有无颜色，颜色深浅等特点，用黑点的有无及疏密程度点出，使之具有色调、质地及立体之感。

图上要有比例尺，以表示各部分的大小，图下要写名称和标图注。

（二）病害症状图的绘制

病害症状是植物根、茎、叶、花、果实等部位的变形、变色或穿孔等特征，这类标本多不规则，绘制时只求表示出特征就行了，不像病原物形态图那样严格，也不必绘出原稿，再根据原稿描绘原图，有的纯以线条，有的线点结合。虽然这样说，但对初学者，先勾画草图，再反复修改推敲是必要的，绘图时照顾各部分比例是必不可少的，同样，图绘完后要注明病害名称和标注图注。

（三）曲线表的绘制

曲线表以粗细、虚实不同的线条绘制，粗线用鸭嘴笔，细线用绘图笔，一般坐标线宜粗，曲线宜细，以使图表重点分明，构图美观，原图大小应比制版要求的大 1/2 左右。

三、几点技巧与注意

（1）布点：布点是一项细致而费工的技巧。点要点得圆，点得匀，点子的排列，要保持整齐、均匀，均匀中求变化，在变化中间要统一，所以应有计划（心中有数）地从明处点起，小心而慢慢地点，一行行交互着点，不要等到画好后看得太疏而再加点子，再加的点子反而会变得不均匀，明的部分、色淡的部分点子小些、稀些，暗的部分、色深的部分点子要大些、密些。

（2）画线：画线是绘图的又一基本功，一般以肘贴桌面，掌侧和小指抵图纸，紧握笔杆，从左下向右上的方向运笔，同时闭气用力，可使线条均匀、光滑、流畅，一般来说，不应露出笔尖起落的痕迹。笔尖含墨的多少，压笔力的大小，常引起线点的粗细变化，要多加体会运用。

绘图时必须有耐心，特别是换用绘图仪描绘时，座位的高低必须合适，以免易疲劳，草图应一气绘成，不要中途停顿。

四、作业及思考题

1. 每人提交符合要求的病原物形态图一张。

2. 病原物形态图的绘制，一般经过哪几个步骤？如何很好地完成这些绘图步骤？每一步都应注意哪些问题？

附　　录

附录一　微生物实验菌种保藏方案

微生物菌种保藏对于微生物菌种的研究和利用至关重要。以下是中国工业微生物菌种保藏管理中心整理的目前国际和国内常用的菌种保藏方法，包括：定期移植法、液体石蜡法、沙土管法、真空冷冻干燥法、－80℃ 冰箱冻结法、液氮超低温冻结法，各种菌种保藏方法都有详细的步骤说明。

一、定期移植法

亦称传代培养保藏法，包括斜面培养、穿刺培养、液体培养等，是指将菌种接种于适宜的培养基中，最适条件下培养，待生长充分后，于 4～6℃进行保存并间隔一定时间进行移植培养的菌种保藏方法。操作步骤如下：

1. 培养基制备

(1)器皿准备：培养基制备过程中所用的一些玻璃器皿，如三角瓶、试管、培养皿、烧杯、吸管等，经洗涤、干燥、包装、灭菌后使用。

(2)溶解培养基配料：先在烧杯中放适量水，按培养基配方称取各项材料，依次将缓冲化合物、主要元素、微量元素、维生素等材料加入水中溶解，最后加足水量，搅拌均匀。

(3)调 pH：配料溶解后将培养基冷却至室温，根据要求加稀酸(0.1 mol/L 盐酸)或稀碱(10%氢氧化钠)调 pH。加酸或碱液时要缓慢、少量、多次搅拌，防止局部过酸或过碱而导致测量不准确和营养成分被破坏。

(4)加凝固剂：配制固体培养基时需加凝固剂，如琼脂、明胶等。将凝固剂加入液体培养基中，加热并不断搅拌至溶解，再补足所蒸发水分。

(5)过滤分装：在两层纱布中间夹入脱脂棉，将配好的培养基趁热过滤并分装。

斜面培养基分装量约为试管高度的1/4(4～5 mL),穿刺培养基分装量以试管高度的1/2为宜。分装过程中勿使培养基沾污管口,以免弄湿棉塞造成污染。

(6)包扎标记:将试管加棉塞,外面包扎一层牛皮纸或铝箔并注明培养基名称及配制日期。

(7)灭菌:根据要求将培养基灭菌,通常蒸汽灭菌为121℃ 15～20 min。

(8)斜面摆放:灭菌后及时摆放斜面,斜面长度以不超过试管长的1/2为宜。

(9)无菌检查:将灭菌的培养基放入培养箱中作无菌检验,通常30℃培养1～3 d。无菌检查合格后将其保存于4℃下备用。

2. 接种

(1)斜面接种:有以下几种方法。

点接:把菌种点接在斜面中部偏下方处。适用于扩散型生长及绒毛状气生菌丝类菌物(如毛霉、根霉等)。

中央划线:从斜面中央自下而上划一直线。适用于细菌和酵母菌等。

稀波状蜿蜒划线法:从斜面底部自下而上划“之”字形线。适用于易扩散的细菌,也适用于部分菌物。

密波状蜿蜒划线法:从斜面底部自下而上划密“之”字形线。能充分利用斜面获得大量菌体细胞,适用于细菌和酵母菌等。

挖块接种法:挖取菌丝体连同少量培养基,转接到新鲜斜面上。适用于灵芝等担子菌类菌物。

(2)穿刺接种:用接种针从原菌种斜面上挑取少量菌体,从柱状培养基中心自上而下刺入,直到接近管底(勿穿到管底),然后沿原穿刺途径慢慢抽出接种针。适用于细菌和酵母菌等。

(3)液体接种:挑取少量固体斜面菌种或用无菌滴管等吸取原菌液接种于新鲜液体培养基中。

3. 培养

将接种后的培养基放入培养箱中,在适宜的条件下培养至细胞稳定期或得到成熟孢子。细菌培养温度一般为30～37℃,菌物培养温度一般为25～28℃。

4. 保藏

培养好的菌种于4～6℃保存,根据要求每3～6个月移植一次。某些菌种,如芽裂酵母、阿舒假囊酵母、棉病囊霉等,须1～3个月移植一次。

保藏湿度用相对湿度表示,通常为50%～70%。

斜面菌种应保藏相继三代培养物以便对照,防止因意外和污染造成损失。

二、液体石蜡法

亦称矿物油保藏法，是定期移植保藏法的辅助方法，是指将菌种接种在适宜的斜面培养基上，最适条件下培养至菌种长出健壮菌落后注入灭菌的液体石蜡，使其覆盖整个斜面，再直立放置于低温(4～6℃)干燥处进行保存的一种菌种保藏方法。操作步骤如下：

1. 液体石蜡的准备

选用优质化学纯液体石蜡，将液体石蜡分装加塞，用牛皮纸包好，可采用以下两种方式进行灭菌：

121℃湿热灭菌 30 min，置 40℃恒温箱中蒸发水分，经无菌检查后备用。

160℃干热灭菌 2 h，冷却后，经无菌检查后备用。

2. 斜面培养物的制备

参照定期移植法。

3. 灌注石蜡

将无菌的液体石蜡在无菌条件下注入培养好的新鲜斜面培养物上，液面高出斜面顶部 1 cm 左右，使菌体与空气隔绝。

4. 保藏

注入液体石蜡的菌种斜面以直立状态置低温(4～6℃)干燥处保藏，保藏时间 2～10 年。

保藏期间应定期检查，如培养基露出液面，应及时补充无菌液体石蜡。

5. 恢复培养

恢复培养时，挑取少量菌体转接在适宜的新鲜培养基上，生长繁殖后，再重新转接一次。

三、沙土管法

沙土管法是载体保藏法的一种。将培养好的微生物细胞或孢子用无菌水制成悬浮液，注入灭菌的沙土管中混合均匀，或直接将成熟孢子刮下接种于灭菌的沙土管中，使微生物细胞或孢子吸附在沙土载体上，将管中水分抽干后熔封管口或置干燥器中于 4～6℃或室温进行保藏。

操作步骤如下：

1. 沙土管制备

将河沙用60目(对应孔径0.250 mm)过筛，弃去大颗粒及杂质，再用80目(对应孔径0.180 mm)过筛，去掉细沙。用吸铁石吸去铁质，放入容器中用10%盐酸浸泡，如河沙中有机物较多可用20%盐酸浸泡。24 h后倒去盐酸，用水洗泡数次至中性，将沙子烘干或晒干。

另取地面下40～60 cm非耕作层贫瘠且黏性较小的土，研碎，100目(对应孔径0.150 mm)过筛，水洗至中性，烘干。

将处理后的沙、土按质量比2∶1混合。混匀的沙土分装入安瓿管或小试管中，高度为1 cm左右，塞好棉塞，121℃湿热灭菌30 min。

随机抽取灭菌后的沙土管若干支，无菌条件下取少许沙土至营养肉汤培养基中，30℃培养24 h，检查无微生物生长后方可使用。

2. 斜面培养物的制备

参照定期移植法。

3. 制备菌悬液

向培养好的斜面培养物中注入3～5 mL无菌水，洗下细胞或孢子制成菌悬液。用无菌吸管吸取菌悬液，均匀滴入沙土管中，每管0.2～0.5 mL。放线菌和霉菌可直接挑取孢子拌入沙土管中。

4. 干燥

真空抽去沙土管中水分。

5. 保藏

将沙土管用火焰熔封后存放于低温(4～6℃)干燥处保藏，每隔半年检查一次菌种存活性及纯度。或将沙土管直接用牛皮纸或塑料纸包好，置干燥器内保存。

保藏时间2～10年。

6. 恢复培养

无菌条件下打开沙土管，取部分沙土粒于适宜的斜面培养基上，长出菌落后再转接一次。或取沙土粒于适宜的液体培养基中，增殖培养后再转接斜面。

四、真空冷冻干燥法

该方法是将微生物冷冻，在减压下利用升华作用除去水分，使细胞的生理活动趋于停止，从而长期维持存活状态。操作步骤如下：

(一)好氧菌冷冻干燥管的制备

1.安瓿管准备

安瓿管材料以中性玻璃为宜。清洗安瓿管时，先用2%盐酸浸泡过夜，自来水冲洗干净后，用蒸馏水浸泡至中性，干燥后贴上标签，标上菌号及时间，加入脱脂棉塞后，121℃下高压灭菌15～20 min，备用。

2.保护剂的选择和准备

保护剂种类要根据微生物类别选择。配制保护剂时，应注意其浓度、pH以及灭菌方法。如血清用过滤灭菌；牛奶要先脱脂，用离心方法去除上层油脂，一般在100℃间歇煮沸2～3次，每次10～30 min，备用。

3.冻干样品的准备

在最适宜的培养条件下将细胞培养至静止期或成熟期，进行纯度检查[参见科技部自然科技资源平台联合管理办公室文件《微生物菌种纯度检测技术规程(试行)》]后，与保护剂混合均匀，分装。微生物培养物浓度以细胞或孢子不少于10^8～10^{10}个/mL为宜(以大肠杆菌为例，为了取得每毫升10^{10}个活细胞菌液2～2.5 mL，只需10 mL琼脂斜面两支)。采用较长的毛细滴管，直接滴入安瓿管底部，注意不要溅污上部管壁，每管分装量0.1～0.2 mL，若是球形安瓿管，装量为半个球部。若是液体培养的微生物，应离心去除培养基，然后将培养物与保护剂混匀，再分装于安瓿管中。分装安瓿管的时间尽量要短，最好在1～2 h内分装完毕并预冻。分装时应注意在无菌条件下操作。

4.预冻

一般预冻2 h以上，温度达到－20～－35℃。

5.冷冻干燥

采用冷冻干燥机进行冷冻干燥。

将预冻后的样品安瓿管置于冷冻干燥机的干燥箱内，开始冷冻干燥，时间一般为8～20 h。

6.真空封口及真空检验

将安瓿管颈部用强火焰拉细，然后采用真空泵抽真空，在真空条件下将安瓿管颈部加热熔封。

熔封后的干燥管可采用高频电火花真空测定仪测定真空度。

7. 保藏

安瓿管应低温避光保藏。

8. 质量检查

冷冻干燥后抽取若干支安瓿管进行各项指标检查，如存活率、形态变异、杂菌污染等。

(二)厌氧菌冷冻干燥管的制备

主要程序与需氧菌操作相同，注意保护剂的选择和准备，保护剂使用前应在100℃的沸水中煮沸 15 min 左右，脱气后放入冷水中急冷，除掉保护剂中的溶解氧。

(三)复苏方法

先用70%酒精棉擦拭安瓿上部，将安瓿管顶部烧热，用无菌棉签蘸冷水，在顶部擦一圈，顶部出现裂纹，用锉刀或镊子颈部轻叩一下，敲下已开裂的安瓿管的顶端，用无菌水或培养液溶解菌块，用无菌吸管移于新鲜培养基上，进行适温培养。

五、-80℃ 冰箱冻结法

将菌种保藏在-80℃冰箱中以减缓细胞的生理活动进行冷冻的一种保藏方法。操作步骤如下：

1. 安瓿管的准备

安瓿管材料以中性玻璃为宜。清洗安瓿管时，先用2%盐酸浸泡过夜，自来水冲洗干净后，用蒸馏水浸泡至中性，干燥后贴上标签，标上菌号及时间，加入脱脂棉塞后，121℃下高压灭菌 15～20 min，备用。

2. 保护剂的选择和准备

保护剂种类要根据微生物类别选择。配制保护剂时，应注意其浓度及 pH，以及灭菌方法。如血清，可用过滤灭菌；牛奶要先脱脂，用离心方法去除上层油脂，一般在 100℃间歇煮沸 2～3 次，每次 10～30 min，备用。

3. 微生物保藏物的准备

在最适宜的培养条件下将细胞培养至静止期或成熟期，进行纯度检查[参见科技部自然科技资源平台联合管理办公室文件《微生物菌种纯度检测技术规程(试行)》]后，与保护剂混合均匀，分装。微生物培养物浓度以细胞或孢子不少于10^8～

10^{10}个/mL为宜(以大肠杆菌为例,为了取得每毫升10^{10}个活细胞菌液2～2.5 mL,只需10 mL琼脂斜面两支)。采用较长的毛细滴管,直接滴入安瓿管底部,注意不要溅污上部管壁,每管分装量0.1～0.2 mL,若是球形安瓿管,装量为半个球部。若是液体培养的微生物,应离心去除培养基,然后将培养物与保护剂混匀,再分装于安瓿管中。分装安瓿管的时间尽量要短,最好在1～2 h内分装完毕并预冻。分装时应注意在无菌条件下操作。

4.冻结保藏

将安瓿管置于－80℃冰箱中保藏。

5.复苏方法

从冰箱中取出安瓿管,应立即放置于38～40℃水浴中快速复苏并适当快速摇动,直到内部结冰全部溶解为止,需50～100 s。开启安瓿管,将内容物移至适宜的培养基上进行培养。

六、液氮超低温冻结法

液氮超低温保藏技术是将菌种保藏在－196℃的液态氮或－150℃的氮气中的长期保藏方法,它的原理是利用微生物在－130℃以下新陈代谢趋于停止而有效地保藏微生物。操作步骤如下:

1.安瓿管或冻存管的准备

用圆底硼硅玻璃制品的安瓿管,或螺旋口的塑料冻存管。注意玻璃管不能有裂纹。将冻存管或安瓿管清洗干净,121℃下高压灭菌15～20 min,备用。

2.保护剂的准备

保护剂种类要根据微生物类别选择。配制保护剂时,应注意其浓度,一般采用10%～20%甘油。

3.微生物保藏物的准备

微生物不同的生理状态对存活率有影响,一般使用静止期或成熟期培养物。分装时注意应在无菌条件下操作。

菌种的准备可采用下列几种方法:

刮取培养物斜面上的孢子或菌体,与保护剂混匀后加入冻存管内;接种液体培养基,振荡培养后取菌悬液与保护剂混合分装于冻存管内;将培养物在平皿培养,形成菌落后,用无菌打孔器从平板上切取一些大小均匀的小块(直径5～10 mm),

菌物最好取菌落边缘的菌块，与保护剂混匀后加入冻存管内；在小安瓿管中装1.2～2 mL的琼脂培养基，接种菌种，培养2～10 d后，加入保护剂，待保藏。

4. 预冻

预冻时一般冷冻速度以控制在每分钟下降1℃为好，使样品冻结到−35℃。

目前常用的有三种控温方法：

——程序控温降温法，应用电子计算机程序控制降温装置，可以稳定连续降温，能很好地控制降温速率。

——分段降温法：将菌体在不同温级的冰箱或液氮罐口分段降温冷却，或悬挂于冰的气雾中逐渐降温。一般采用两步控温，将安瓿管或塑料冻存管，先放于−20～−40℃冰箱中1～2 h，然后取出放入液氮罐中快速冷冻。这样冷冻速率每分钟下降1～1.5℃。

——对耐低温的微生物可以直接放入液氮中。

5. 保藏

将安瓿管或塑料冻存管置于液氮罐中保藏。一般气相中温度为−150℃，液相中温度为−196℃。

6. 复苏方法

从液氮罐中取出安瓿管或塑料冻存管，立即放置在38～40℃水浴中快速复苏并适当摇动，直到内部结冰全部溶解为止，一般需50～100 s。开启安瓿管或塑料冻存管，将内容物移至适宜的培养基上进行培养。

附录二　植物病害症状类型

植物感病以后，一切不正常的表现称为症状。症状是植物和病因相互作用的结果，是人们认识病害的主要依据，在病害诊断中十分有用。它包括外部症状和内部症状，外部症状可分为病状和病征两个方面。

一、病状类型

病状是指感病植物本身所表现的不正常状态，如褐色的斑点，透明的条纹等。植物病害种类繁多，症状表现多种多样，但归纳起来，有变色、坏死、腐烂、萎蔫、畸形等几种类型。

1. 变色

指寄主被害部分细胞内的色素发生变化，但细胞并没有死亡。主要发生在叶片上，可以是全株性的，也可以是局部性的。

(1)花叶：叶片的叶肉部分呈现浓绿色、淡绿色不均匀的斑驳，形状不规则，边缘不明显。

(2)褪绿：叶片呈均匀褪色，叶脉褪色后形成明脉等，如缺素症。

(3)黄化：叶片均匀褪色，色泽变黄。

2. 坏死

坏死是一类常见的病状，它表现为植物细胞和组织的死亡，因受害部位不同而表现出各种类型。坏死在叶片上常表现为叶斑和叶枯。

叶斑的形状、大小和颜色各异，但轮廓都比较清楚。有的叶斑先褪绿或变色，但后来一般都变为坏死，叶斑的坏死组织有时脱落而形成穿孔，有的叶斑上有轮纹，这种叶斑称为轮斑或环斑。

叶枯是指叶片上较大面积的枯死，轮廓有的不像叶斑那样明显。叶斑和叶枯有时很难划分。

植物叶片、果实和枝条上还有疮痂的症状，斑点表面粗糙，有的形成木栓化组织而稍微突起。植物的根茎上也可以发生坏死斑，幼苗茎基部组织坏死，引起猝倒和立枯。果树和树木的枝干有一种溃疡症状，主要是木质部坏死，周围细胞有时木质化。坏死一般不改变植物原来的结构。

3. 腐烂

腐烂是在细胞或组织坏死的同时,伴随着组织结构的破坏和分解。植物的根、茎、叶、花、果都可发生腐烂。

按照腐败组织的质地分为干腐、湿腐和软腐。组织腐烂时,随着细胞的消解而流出水分和其他物质。水分能及时消失则形成干腐;如细胞消解得很快,腐烂组织不能及时失水则形成湿腐;组织中细胞的中胶层先受到破坏,腐烂组织细胞离析,再发生细胞的消解则形成软腐,有的病部表皮不破裂,用手触摸有柔软感或有弹性。

根据腐烂的部位,有根腐、基腐、茎腐、果腐、花腐等。

4. 萎蔫

萎蔫是指寄主植物局部或全部由于失水,丧失膨压,使其枝叶萎蔫下垂的一种现象。植物病害的萎蔫症状可以由各种原因引起,如寄主根茎腐烂、天气干旱、水分供应不足,或土壤含水量低等。但在植物病害方面所指的萎蔫主要是指植株的维管束组织受到病原物的毒害或破坏,影响水分输送,即使供给水分亦不能恢复常态。如青枯、枯萎等。

5. 畸形

植物被病原物侵染后,其受害部位的细胞数目增多,细胞体积增大,表现出促进型的病变;细胞数目减少,细胞体积变小,表现为抑制型的病变,被害植株全株或局部畸形。如矮化、矮缩、蕨叶、瘤肿、丛枝或发根,此外还有卷叶、皱叶、扁枝、叶片肥厚等。畸形的病状在病毒病中较为常见。

二、病征类型

植物发病后,除表现以上病状外,在发病部位出现病原物形成的特征性结构,称为病征,它和病原的种类有密切关系,所以病征在病害诊断中有特殊的重要意义。常见的有下面几种:霉状物、粉状物、粒状物、脓状物。

1. 霉状物

霉是菌物性病害常见的病征,不同的病害,霉层的颜色、疏密等差异较大。常见的有霜霉、黑霉、灰霉、青霉、白霉等。

2. 粉状物

粉状物是某些菌物的孢子密集在一起所表现的特征。根据颜色的不同又可分为白粉、锈粉、黑粉等。

3. 粒状物

病菌在病部产生大小、形状、颜色各异的粒状物。这些粒状物有的着生在寄主的表皮下，部分露出，不易与寄主组织分离，如菌物的分生孢子盘、分生孢子器、子囊壳、子座等；有的则长在寄主植物表面，如菌物的菌核、闭囊壳等。

4. 脓状物

这是细菌性病害特有的特征性结构。在病部表面溢出含有许多细菌和胶质物的液滴，称作菌脓或菌胶团。干燥后成为胶质的菌膜或黄色半透明的小颗粒。

病征一般在植物发病的后期才出现，气候潮湿有利于病征的形成。此外，在发病部位出现的线虫的虫体、寄生性植物，都属于病征。

习惯上，对病状与病征的术语使用并不严格，通常都统称为症状。

症状是识别病害的重要依据。多数病害的症状都具有相对的稳定性，对常见病害通过症状观察可以确定植物是否生病，并做出诊断。但症状的表现也不是固定不变的，例如烟草花叶病毒侵染多种植物后都表现花叶症状，但在侵染心叶烟或苋色藜时却表现枯斑；苹果轮纹病菌侵害枝干时，造成瘤突状的病斑，侵害果实时，造成具同心轮纹的腐烂等等。因此，对某些病害不能单凭症状进行识别，特别是不常见的或新发生的病害，更不能只根据一般症状下结论，必要时应进行病原的鉴定。

附录三　植物病害的接种方法

一、菌物病害的接种方法

1. 种传病害的接种

(1)拌种法：如小麦腥黑穗病、小麦秆黑粉病、大麦的坚黑穗病等，常用病原菌孢子拌种的接种方法。

(2)浸种法：孢子悬浮液浸种也是常用的方法，如棉花的炭疽病等可以用这种方法接种。浸种时再加抽气更利于孢子在种子表面的附着，可以提高接种效率。在人工培养基上不易产生孢子的病原菌物，则可以用搅碎的菌丝悬浮液浸种。

(3)花期接种法：适用于接种在开花期侵入寄主的病菌，如大、小麦的散黑穗病。许多病菌虽然可以在花期侵入，但它们并不像散黑穗病菌那样经过柱头和花柱而侵入胚部。在接种时并不要求孢子进入花内。对于这些病害，可用孢子喷洒穗部或个别小花的方法接种，如小麦赤霉病和水稻胡麻斑病等都可以用在开花期喷洒的方法接种。

(4)特殊的接种法：大麦条纹病菌的种子接种有许多方法，如在开花期用分生孢子喷洒穗部的方法接种，但一般效率较低。比较好的方法是将分生孢子或菌丝体接种在去皮的大麦种子上，放在20℃的暗处，使种子萌发后播种。此外，以孢子悬浮液抽气接种的效果也较好。更好的方法是先在小三角瓶中灭菌的麦粒上繁殖病菌。当麦粒上长满菌丝体以后，将大麦种子25～100粒(酒精表面消毒后用清水洗净)放在三角瓶中菌丝体上，然后放在室温下(20～24℃)培养，以后每天将瓶摇一次使麦粒不致聚结成块，大麦种子也不生根。培养4 d后，将大麦种子连同有病菌的麦粒混合后播下，可以得到很高的发病率。

2. 土传病害的接种

(1)土壤接种法：这是常用的接种方法之一，就是将病菌在播种前或播种时拌在土壤中。如绵腐病菌可以在玉米粉和细沙加水混合配成的培养基上繁殖，播种前拌在土壤中。这种方法的缺点是接种时在土壤中加入大量有机质。比较好的方法是将病菌在液体培养基中繁殖，再将菌丝体取出，用清水洗过以后，加沙少许与菌丝体混合，用手将菌丝体搅散后拌入土壤中，这样可以避免加入许多有机质。

应该指出，病菌单独加在土壤中和连同繁殖病菌的有机质加在土壤中的两种接种方法效果是不一致的。用后一种方法，病菌是存活在有机质中，与存在于作物残余中的情形相似，要比单独存在于土壤中的存活的时间要长，同时，土壤中加大量的有机质，会影响土壤中的微生物类群。

土壤灭菌与否将影响接种的结果。**一般来说，接种灭菌土壤的发病率较高，但也有相反的现象。**因此，土壤传染病害的接种试验，最好先用灭菌的土壤，再用不灭菌的土壤作对照，或者两者同时进行。

总之，在所有病害的接种试验中，以土壤接种问题最为复杂，主要的原因就是病菌受到土壤物理、化学及生物性质的影响，微生物之间的相互关系更加复杂。

(2)蘸根接种法：将幼苗的根部稍加损伤，在孢子或菌丝体悬浮液中浸过以后移植。这种方法使病菌能与根部直接接触，受土壤微生物的影响比较小，同时由于根上有损伤，病菌也容易侵入，效果比一般土壤接种法好。此法常用于枯萎病的接种，如测定品种的抗病性等工作。

(3)根部切伤接种法：将移植镘或其他器具在植株的附近插入土壤中，使植株的根部受到损伤，然后将孢子或菌丝体的悬浮液灌注在根部附近的土壤中，最好从移植镘插入的空隙中灌入。

3. 气流和雨水传病害的接种

(1)喷雾法：将孢子或菌丝悬浮液喷洒在寄主表面，常用于接种由气流和雨水传播的病害。病菌可以从气孔伤口或表皮直接侵入。**对于从气孔侵入的病菌，应注意喷洒叶背，因为叶背气孔的数目一般比叶正面的多。**对于从伤口侵入的病菌，喷洒前应将寄主表面稍微损伤，如用细的沙土或金刚砂摩擦叶面。叶面有蜡质层的水滴不易附在上面，接种前可用湿布将蜡质层擦去，或者喷洒时在孢子悬浮液中加入适当的展布剂(0.1%的肥皂溶液等)。

(2)喷撒法：如接种锈菌和白粉菌，可将干的病菌孢子喷撒在潮湿的植物表面上。白粉菌和锈菌的孢子可与滑石粉混合后放在小喷粉器中喷撒。加滑石粉的量是孢子量的10倍左右。

(3)涂抹法：如接种麦类锈病，由于寄主表面和锈菌孢子都不易沾湿(不宜用喷撒法接种)，可先用手蘸水摩擦叶片，使寄主表面形成一薄层水膜，然后将孢子涂抹在上面。

喷雾、喷撒和涂抹接种后的植物，必须保湿24～48 h，使病菌的孢子能够萌发和侵入。

(4)注射法：将病菌孢子悬浮液用注射器注射入寄主的生长点或幼嫩部分，发病往往很重。这种方法接种麦类锈菌与玉米瘤黑粉菌等的效果很好。

(5)针刺法:接种伤口侵入的病菌,如引起果实、块茎、块根等腐烂的病菌,一般是用灭菌的针刺伤寄主组织,然后将病菌接种在伤口内。有些枝干病害可用此方法接种。

4.昆虫传染病害的接种

昆虫是传染病害的媒介,菌物和细菌病害也有昆虫传染的,但以病毒病昆虫传染最为重要(具体接种方法在实验十一中已详细介绍)。

二、各类细菌病害的常用接种方法

1.叶斑病和叶枯病的接种

叶斑和叶枯是最常见的细菌病害。接种的方法很多,但不外乎设法使细菌从伤口或气孔等自然孔口侵入叶片。由于植物病原细菌不能从表皮直接侵入,也不像菌物那样以孢子萌发形成的芽管从气孔侵入,因此要求在接种的时候就有较多的细菌进入气孔内。

(1)针刺接种:针刺接种是很有效的接种方法,为了测定分离到的细菌的致病性,一般都先使用该方法。比较简单的办法是:用接种针从琼脂斜面上挑取少许细菌直接穿刺叶片接种。如为了连续接种许多植物,可以将针插在毛笔中间,毛笔浸在细菌悬浮液中,穿刺的时候,细菌同时从伤口进入叶片组织内。针刺接种后的植物,不一定要求保湿,但有时保湿的效果好一些。

(2)喷雾接种:将细菌悬浮液喷布于叶面是常用的接种方法,喷在叶背更好。悬浮液的浓度一般是 $10^{6\sim7}$ 个/mL,有时浓度高一些更好。植物在接种后要保湿 24～48 h,如接种前保湿 24 h,使气孔张开,则效果更好。大田喷雾接种,保湿有时是很困难的,因此多半是在傍晚进行。由于喷雾接种的细菌是致病的,并且有足够的量,一般可以形成典型症状。为了提高接种效率,喷雾时可以在细菌悬浮液中加适当的展布剂,如吐温和洗涤剂等。吐温的用量在 0.1%～1.0%。吐温(20、40、80)和洗涤剂的种类很多,使用哪种展布剂及其浓度,事前要经过预试验定。

(3)高压喷雾接种:细菌悬浮液用高压喷雾方法接种,会有较大量的细菌进入组织内。喷过的叶片组织,充水而呈水渍状,有利于细菌的蔓延,接种的效率高,并且发病率一般也较高。喷雾时一般加压 0.147 MPa(1.5 kg/cm^2);压力太高,叶片的表皮细胞将受到损伤,最好是加压喷到寄主表面呈水渍状。接种细菌悬浮液的浓度,一般不宜超过 5×10^6 个/mL;接种的菌量太高,就是非寄主植物上,也能形成坏死性枯斑。温室接种的植物,在每 4 000 mL 左右稀释的细菌悬浮液中,还可加容量 15 mL 金刚砂(600 目,对应孔径 0.023 mm),加压 0.2～0.4 MPa 在傍晚接种。接种后不保湿,方法与汁液传染植物病毒病的大田接种相似。

(4)摩擦接种:少量植物接种,可以在叶片上撒少量金刚砂(600 目),然后用纱布蘸取细菌悬浮液(浓度约 10^7 个/mL)在表面轻轻摩擦接种。

叶斑和叶枯类型的细菌病害,还可以细菌悬浮液注射到叶片组织或者灌注在叶中(玉米的喇叭口)的方法接种,有些在维管束组织中蔓延很快的叶枯病(如水稻白叶枯病和玉米细菌性叶枯病),也可用剪叶法接种(用蘸过细菌悬浮液的剪刀将 7 cm 左右的叶尖全部剪去)。

2. 肿瘤和茎秆枝条病害的接种

肿瘤和茎秆枝条病害的接种,一般用针刺或注射的方法接种。

3. 腐烂病的接种

腐烂病一般用针刺、注射的方法接种,块根和块茎还可剖开或切成薄片,在切面上滴细菌悬浮液接种。

植物病原细菌很少引起根腐(块根除外),但茎腐还是常见的。茎腐病的接种,除去针刺和注射以外,根据寄主和病害的为害状还可以采取其他方法。例如,玉米细菌性茎腐病的接种,可用针刺或注射的方法,也可用灌注的方法,即将琼脂斜面上繁殖的细菌洗下悬浮在灭菌的蒸馏水中,离心沉降后再加灭菌的蒸馏水配成适当浓度的悬浮液(5×10^7 个/mL 已经足够,低于 1×10^5 个/mL 则接种后不发病);接种时,细菌悬浮液中加吐温 40,浓度达到 0.7%左右,然后将细菌悬浮液 1 mL 注入喇叭口接种。生长 21 d 左右的玉米,接种后 48 h 就发病而腐烂。吐温 40 的作用是降低表面张力使细菌能达到茎基部。如果将曙红 Y 溶于 0.7%吐温 40 中,配成 0.5%的溶液加在喇叭口中,可以观察接种液在植株内的流向。

4. 萎蔫类病害的接种

萎蔫病的接种可以采用针刺、注射、蘸根或灌注土壤等方法接种,使细菌侵入到寄主维管束组织中。

总之,各种植物细菌病害的接种方法不同,同一种细菌病害也可以用不同方法接种。例如,为了测定分离到的细菌的致病性,一般采用接种效率高和发病重的方法,但比较品种抗病性的差异,则要求接种方法能够正确反映品种抗性的差异,接种效率很高和发病很重的方法有时反而不适用。

附　接种试验的记载

接种试验的记载方式很多,可以根据工作的性质设计。以下是一种常用的形式,由此也可以了解在接种前后应该注意的事项:

接种日期＿＿＿＿＿＿＿＿

地点＿＿＿＿＿＿＿＿

品种＿＿＿＿＿＿＿＿

菌系或生理小种＿＿＿＿＿＿＿＿

培养基＿＿＿＿＿＿＿＿

培养时期＿＿＿＿＿＿＿＿

受害部位＿＿＿＿＿＿＿＿

病情指数＿＿＿＿＿＿＿＿

症状＿＿＿＿＿＿＿＿

　　早期＿＿＿＿＿＿＿＿

　　中期＿＿＿＿＿＿＿＿

　　末期＿＿＿＿＿＿＿＿

接种方法＿＿＿＿＿＿＿＿

寄主＿＿＿＿＿＿＿＿

发育时期＿＿＿＿＿＿＿＿

培养方法＿＿＿＿＿＿＿＿

培养温度＿＿＿＿＿＿＿＿

接种后的管理＿＿＿＿＿＿＿＿

发病率＿＿＿＿＿＿＿＿

对产量及品质的可能影响＿＿＿＿＿＿＿＿

但应注意,并不是每次接种试验的记载都须包括以上这些项目。例如,植物接种发病后不需长期保留的,就无法记载对于产量和品质的影响。有些特殊的工作,又必须增加某些项目,工作者可以根据实际需要决定。

附录四　毕业论文的写作与排版

本科生毕业论文是学生在毕业前提交的一份具有一定科研价值和实用价值的学术论文。它是本科学生开始从事工程设计、科学实验和科学研究的初步尝试，是学生在教师的指导下，所取得成果的科学表述，是学生毕业及学位资格认定的重要依据。毕业论文撰写是本科生培养过程的基本训练之一，其撰写应符合国家及各专业部门制定的有关标准，符合汉语语法规范。

学生应在完成毕业设计要求的基础上撰写毕业论文。毕业论文应反映出学生能够准确地掌握大学阶段所学的专业基础知识，基本学会综合运用所学知识进行科学研究的方法，对从事的设计内容和所研究的题目有一定的心得体会。

毕业论文包括题目、摘要、关键词、目录、正文、致谢、参考文献和附录等几部分。

1. 题目

题目是毕业论文最重要内容的概括，应该简短、明确，论文题目不超过 25 个汉字。

读者通过标题，能大致了解文章的内容、专业的特点和学科的范畴。

2. 摘要

摘要是毕业论文主要内容的提要，应该扼要叙述本论文的主要内容、特点，文字要精练，是一篇具有独立性和完整性的短文，应包括本论文的主要成果和结论性意见，突出论文的创造性和新见解。论文摘要的字数一般不超过 300 个汉字。

论文摘要是论文的缩影，是不加评论的陈述，也是学术期刊是否收录论文的关键内容。摘要不是目录，要避免将摘要写成目录式的内容介绍。

3. 关键词

关键词是供检索用的主题词条，应采用能覆盖论文主要内容的通用技术词条，一般列 3～5 个。

关键词是从论文的题目、摘要和正文中选取出来的，是对表述论文的中心内容有实质意义的词汇。关键词是用作计算机系统标引论文内容特征的词语，便于信息系统汇集，以供读者检索。

4. 目录

目录应独立成页，包括论文中全部章、节的标题及页码。

5. 正文

正文是毕业论文的核心内容,包括前言、主体、结论三大部分。字数不能少于8 000汉字,一般也不要超过2万汉字(包括标点符号、图表等)。

(1)前言:前言又称引言、序言、导言、导论等,置于论文主体内容之前。前言一般要说明论文工作的选题目的、背景和意义,概括地写出作者的研究工作。前言要紧扣主题,简洁明确。前言还可以综合评述前人工作和进行现状分析,本人将有哪些补充、纠正或发展,还可以简单介绍研究方法。

前言只是论文的开头,一般不必写前言这个标题。

(2)主体:主体是论文的主要部分,应该结构合理,层次清楚,重点突出,文字简练、通顺。

以科学研究为主的毕业论文,要充分有力地阐述自己的观点及论据,重点论述作者的研究方法和研究成果。

以毕业设计为主的毕业论文,应该简单介绍毕业设计的软硬件环境,采用的程序、工具等;要重点论述自己的毕业设计工作,采用的新技术、新方法,解决的理论或技术难题;最后给出所编写完成的程序的功能,毕业设计达到的技术指标或设计结论等。

正文中可以采用图形、表格等形式辅助论述观点或描述设计过程,适当采用程序界面、关键源程序段,并结合设计任务或研究工作进行说明,但不要大量地粘贴图形和源程序(这些可以作为附录)。

(3)结论:结论是对整个论文主要成果的归纳,要突出论文的创新点,以简练的文字对论文的主要工作进行评价,并做到首尾对照;结论部分一般还要写对课题研究的展望,提及进一步探讨的问题或可能解决的途径等。

6. 致谢

对指导教师和给予指导或协助完成论文工作的组织和个人表示感谢。内容应简洁明了、实事求是,避免俗套。

7. 参考文献

参考文献是毕业设计和撰写论文过程中研读的一些文章或资料。要按照论文中引用的先后顺序,另起一页编号罗列。

参考文献是论文不可缺少的组成部分。它反映论文的取材来源、材料的广博程度。论文中引用的文献应以近期发表的与论文工作直接有关的学术期刊类文献为主。罗列参考文献既是对引用文献作者的尊重,也是论文的有力补充。

为便于读者查找,应该遵循国家的著录格式要求书写参考文献,内容要完整准确。著录项目依次是作者(译者)、文章名、学术刊物名、年、卷(期)、起止页码。引用网上参考文献时,应注明该文献的准确网页地址。

8. 附录

附录是与论文有关但不宜放在正文中的内容,例如程序流程图、源程序清单、公式的推导、图纸、数据表格等有参考价值的内容。

附录五　植物病理实验室基本仪器设备及其使用

植物病理实验室常需要进行病原菌的分离、纯化、接种和显微观察等，所需的基本仪器设备，除了本书各有关章节已专门介绍的以外，尚有一些常用的仪器设备。

一、玻璃器皿的使用及洗涤

(一)常用玻璃器皿的种类及用途

(1)培养皿：倒入适量的固体培养基制成平板，可用于病原菌的分离培养、纯化、鉴定、菌落形态观察等。是病理实验室中需用量较多的玻璃器皿之一。一般所用的规格为直径 9 cm，高 1.5 cm。要求皿底平滑，明亮无杂色，能耐高温、高压。

(2)试管：用于分离培养保存菌种，也是病理实验室中需用量较多的器皿之一。一般所用规格以 1.6 cm×13.6 cm 为宜。试管口以无翻卷的或光滑的为好。

(3)三角瓶：主要用于盛装培养基和灭菌水，需用量也较多。所用规格主要为 250 mL，其次为 200 mL 及 50 mL。

(4)玻璃棒和玻璃管：玻璃棒用于配制溶液时的混匀搅拌。一般使用直径 0.5 cm 左右的玻璃棒较多，根据需要可配备长短不等的玻璃棒多个。玻璃棒和玻璃管还可烧制各种玻璃小用具。

(5)滴瓶：主要用于盛装各种试剂及染液。其规格以 60 mL 容量为宜。有无色透明的和棕色的。棕色滴瓶用于盛放应避光的试剂。

(6)吸管：用于吸取各种溶液或菌液。其规格有 0.5、1、2、5、10 mL 等，应各配备一定数量。有单刻度的移液管和多刻度吸管。使用时，1 mL 以下的吸管都必须将尖端遗留的液体吹入配制溶液的容器中，1 mL 以上(包括 1 mL)的不应吹出尖端遗留的液体，当液体不再流出时，应使该管尖端紧靠容器内壁一段时间。

(7)烧杯：用于各种溶液的配制。100～600 mL 不同规格的应各配备一定数量。另外，也应有少量分离材料表面消毒用的 10 mL 烧杯。

(8)载玻片：用于病原菌的显微检查、临时性或永久性制片。有两种：一种为普通载玻片，是平的；另一种为凹载玻片，其上有一个或两个凹窝。普通载玻片以薄而无色的较好，厚而发绿的质量较差。普通载玻片大小为 7.5 cm×2.5 cm×0.1 cm。

(9)盖玻片:用于显微检查,或用于临时性或永久性制片。薄而透明为好,其上有白色云斑的多为劣质品,对显微观察妨碍极大。规格通常为 18 mm×18 mm 或 24 mm×24 mm,过大时易使浮载剂流失在显微镜载物台上。

(10)双层瓶:由外层较大的瓶和内层较小的瓶组成。外层盛放二甲苯,内层盛放香柏油。

(11)树胶瓶:用于盛放封片用树胶,一般为茶色。

(12)玻环:为高 1 cm、内径 1 cm 的磨口玻璃环,供菌物孢子萌发用。

(13)蒸馏水瓶:用于盛放实验用蒸馏水,有 200~5 000 mL 不同规格。在顶盖上有一小的进气孔,接近瓶底处有一出水口,可与橡胶管相连。

(14)干燥器:用于盛放需要干燥的样品或仪器部件(如显微镜镜头等)。干燥器的下部盛放干燥剂。常用干燥剂有硅胶和无水氯化钙等。

(15)量筒:10、100、500、1 000 mL 等各种规格的都应配备一定数量。量筒为粗量器,不需矫正,可粗略度量液体体积。使用时应根据所量溶液的多少来选择合适的规格,不可使用过大的量筒量取较小的体积。如用 100 或 500 mL 量筒量取 5 或10 mL 溶液,显然误差太大。读数时,视线必须和溶液凹面成一水平,不可过高或过低。

(16)微量吸管(micropipette):微量吸管又称微量加样器。主要用来吸取微量液体,规格型号很多。每个微量吸管在一定范围内可调节体积,并标有使用范围。例如,0.5~10、2~10、10~100、100~1 000、5 000 μL 等。使用方法:将合适大小的塑料嘴(tip)牢固地套在微量吸管的下端,旋动调节键,使数字显示器上显示出所需要吸取的体积,用大拇指按下调节键,并将吸嘴插入液体中;缓慢放松调节键,使液体进入吸嘴,并将其移至接收管中;按下调节键,使液体进入接收管;按下排除键,以去掉用过的空吸嘴或直接用手取下吸嘴。

微量加样器分为可灭菌式和不可灭菌式。进行无菌操作时,如果使用的是不可灭菌式微量加样器,则要尽量使用带有过滤棉纱的吸嘴。

(17)小塑料离心管:又称 Eppendorf 管。有 1.5、0.5 和 0.2 mL 三种型号。主要用于小量菌体的离心、核酸提取、PCR 反应等。

(18)容量瓶:有 50、100、250、500、1 000 mL 等规格。用于配制一定体积的溶液。在瓶颈上有一刻度,加入溶液到此刻度时,就相当于瓶上所标明温度(通常为 20℃)时的体积。使用量瓶时,不要将溶质直接倒入量瓶然后加水至刻度,而应使溶质首先在小烧杯中加水溶解,再将溶液沿玻棒倒入量瓶。在量瓶内,可事先加水至体积 2/3 或 1/2。盖上磨口塞子后,用食指或掌心顶住瓶塞,倒置量瓶,不时摇动和翻转量瓶,以使溶液充分混匀,然后加水至刻度。

(19)滴定管:有带玻璃塞的酸性溶液滴定管和带橡皮管的碱性滴定管两种。不能用酸性滴定管盛装碱性溶液,以免把玻璃塞腐蚀。常量滴定管有 25 及 50 mL 两种。这两种滴定管的最小刻度单位是 0.1 mL,滴定后读数时可以估计到小数点后两位数字,即液体的体积可量至 0.01 mL。此外,还有半微量滴定管,最小可读单位是 0.01～0.02 mL,读数可到小数点后第三位数字。

此外,还应有广口瓶、细口瓶、漏斗、标本瓶、研钵、表面皿、滴管、染色缸、酒精灯、称量瓶等玻璃器皿及用具。

(二)常用玻璃器皿的洗涤

实验室的各种玻璃器皿,必须经过洗涤以后才能使用。清洁的方法和所用的洗涤剂因目的而不同。但需要注意:玻璃器皿用过后,最好在未干燥之前洗涤,尤其是滴管、吸管等,如不能立即洗,也应浸入水中;为了防止发生意外,器皿沾染了对人有传染性的或者是属于植物检疫范围内的微生物,应先用水煮沸或高压蒸汽灭菌,或在消毒液中浸过以后再洗,消毒可用 5% 福尔马林或漂白粉液(漂白粉 10 g,水 100 mL)。

1. 洗涤剂

洗涤剂的种类很多,各种洗涤剂的性能和用途各不相同。水是用量最大的天然洗涤剂,但只能洗去可溶于水的污物,不能溶于水的污物,需先用其他方法处理后再用水清洗。要求比较洁净的器皿,清水洗过后,还需再用蒸馏水洗。常用的化学洗涤剂有以下几种。

(1)铬酸洗涤液:这是常用的洗涤液,其成分和配法如下:

	浓铬酸洗涤液	稀铬酸洗涤液
重铬酸钾	60 g	60 g
浓硫酸	60 mL	60 mL
水	300 mL	1 000 mL

重铬酸钾溶解在温水中,待冷却后缓缓加入浓硫酸,边加边搅拌。配好的溶液呈深红色,并且可见均匀的红色小结晶。

此外,也可用重铬酸钠代替重铬酸钾,按重铬酸钠 60 g、浓硫酸 100 mL、水 100 mL 配制。配制铬酸洗涤液的浓硫酸,相对密度在 1.84 左右,可以利用废硫酸配制。铬酸洗涤液是强氧化剂,去污能力很强,但玻璃器皿上沾有油脂、凡士林和石蜡等时,用该洗涤液无效。沾有钡盐的玻璃器皿也不宜用铬酸洗涤液,因为铬酸洗涤液可与钡盐起作用形成硫酸钡,附着在玻璃器皿上,很难洗去。玻璃器皿如带有较多的还原性物质,要先用水洗过后再用铬酸洗涤液洗,否则洗涤液的去污能力会很快降低。经过初步洗涤的玻璃器皿在铬酸洗涤液中浸泡至少 15 min,再用清水冲洗。将洗涤液加热至 45～50℃可以增强去污能力。稀的铬酸洗涤液可以煮沸用。此洗涤液可反复使用,直至呈青褐色为止,此时铬酸已被还原而无去污作用。

铬酸洗涤液的腐蚀性很强,溅到桌、椅上应立即用水洗去,并用湿布擦净。沾到皮肤和衣物上应立即用水洗,再用苏打水(碳酸钠)或氨水冲洗。

(2)高锰酸钾溶液:高锰酸钾溶液是很好的洗涤液,特别是在加酸和加热的情况下,它的氧化和去污能力更强。一般使用的是 5%的高锰酸钾溶液。使用的方法是将高锰酸钾溶液加在需要洗涤的器皿中,加入少许浓硫酸(100 mL 溶液加浓硫酸 3～5 mL),可加热至 50～60℃。但需注意不能用盐酸代替硫酸,因为盐酸在高锰酸钾溶液中会分解产生有毒的氯气。玻璃器皿经高锰酸钾溶液洗涤后,必须用水冲洗干净,有时器皿上会残留一层褐色物质,可用硫酸酸化的 5%草酸溶液洗去。

(3)酸和碱:器皿上沾有煤膏、焦油和树脂等物质,可用浓硫酸或 40%氢氧化钠溶液使它们溶解,处理时间 5～10 min。浓盐酸(工业用)可洗去水垢和某些无机盐沉淀。

(4)有机溶剂:脂类、树脂和其他可溶于有机溶剂的物质,可用乙醚、丙酮、酒精、石油醚、苯、二甲苯、松节油及四氯化碳等有机溶剂洗去。二甲苯可洗脱油漆的污垢。但这些溶剂较贵,在必要时才使用。

(5)5%～10%乙二胺四乙酸二钠(EDTA-Na_2)溶液:加热煮沸可洗脱玻璃仪器内壁的白色沉淀物。

(6)肥皂和其他洗涤剂:肥皂是很好的去污剂,热肥皂的去污能力更强,可以洗去器皿上的油脂。10%磷酸三钠(Na_3PO_4)溶液去污去油脂的能力很强,比用肥皂洗得更洁净。

总之,洗涤剂的种类很多,可以根据要求,选择经济而有效的洗涤液。一般实验室用得最多的是肥皂(包括合成洗涤剂)和铬酸洗涤液,这两种洗涤剂可以解决大部分器皿的洗涤问题。

2. 玻璃器皿的洗涤

(1)新玻璃器皿:新购置的玻璃器皿,无论是软玻璃还是硬玻璃,都会产生一些可溶性物质。这些物质会影响实验结果,使用前必须洗涤干净。最好的方法是先用 2%的盐酸溶液处理数小时,再用清水洗净。必要时,再按一般的方法用肥皂和铬酸洗涤液洗,清水冲净。

(2)一般器皿:试管、烧杯、烧瓶和培养皿等器皿,洗涤前应先用试管刷将其中的残渣清除，然后用水洗净，或者用肥皂水洗涤，再用清水冲洗。根据实验要求，必要时，用蒸馏水冲洗一次。需要更洁净的器皿，在上述洗涤的基础上，再用铬酸洗涤液处理10 min，然后用清水将洗涤液彻底冲净。器皿中如有有害微生物，应先高压蒸汽灭菌处理后，将培养物倒去，再进行洗涤。

(3)载玻片和盖玻片：载玻片和盖玻片可以按以上步骤水洗，水洗后放在铬酸洗涤液中浸泡几小时，或者在稀的铬酸洗涤液(也可用浓的铬酸洗涤液稀释3～4倍)中煮沸0.5 h，然后取出用清水冲净，再用脱脂的干净纱布擦干。载玻片和盖玻片上如有油脂或加拿大树胶，可先用肥皂水或合成洗涤剂煮过再洗。经过染色和加拿大树胶封固的载玻片，放在浓的硅酸钠中煮效果更好。细菌的鞭毛染色，要求用非常洁净的载玻片。应将载玻片在铬酸洗涤液中煮沸10 min，取出用10%的氢氧化钠溶液冲净，然后再在铬酸洗涤液中煮沸，最后用水冲净。洗净的载玻片，可储放在酸化的95%酒精(滴入数滴浓盐酸)中，用时取出擦干或在酒精灯上将酒精烧去。而一般染色用的载玻片，在不太脏时，可用毛刷蘸上去污粉，在载玻片上湿擦，然后用水冲净，以干净纱布擦干。

(4)滴定管和吸管：滴定管和吸管可用铬酸洗涤液洗，但连在滴定管上的橡皮管不要沾上洗涤液，橡皮一旦吸收洗涤液就很难洗去。滴定管用洗涤液洗过后还不够清洁，可试用如下方法：先用少量95%酒精洗涤，然后在管中盛2 mL 的95%酒精，再加入5 mL 的浓硝酸。在滴定管上端，罩一试管，以免药物飞溅。当化学作用终止时，滴定管已洗涤干净。

(5)特殊清洁法：精密的实验所用玻璃器皿只将表面附着物洗去是不够的，玻璃中的可溶性物质也影响实验结果。这些玻璃器皿，可先在0.1 mol/L 氢氧化钾或氢氧化钠溶液中煮1 h，再在0.1 mol/L 的硫酸或盐酸溶液中煮1 h，然后用蒸馏水洗几次，再在蒸馏水中浸泡几小时后取出干燥。

二、金属小用具

(1)小镊子、小剪刀、解剖刀：这些用具是分离培养时剪取或解剖材料所必需的。

(2)拨针、三角针：在镜检时用于挑取病菌。

(3)接种针、接种环：接种针是在培养基上作菌物接种用的；接种环是在培养基上作细菌接种用的。接种针是用铂金丝或普通钢针将端部弯成90°的钩状做成；接种环是用有弹性的铂金丝将端部弯成环形做成的。两者都装在铝质的长柄上，柄端连接一段胶柄，以减弱其导热性，防止烫手。

(4)双面刀片：主要用于徒手切片。

(5)保温漏斗：一般为铜质双层的，漏斗形，中间夹层可以盛装热水保温，在其上插入普通漏斗，漏斗下端接上橡皮管及夹子，即可用于向试管分装培养基。

(6)消毒盒：有不锈钢质的和铝质的，用于盛装注射针筒、针头和其他需消毒的小用具。

(7)酒精喷灯：用于烧制各种玻璃小用具。

(8)手持喷雾器：用于小空间范围消毒喷雾及盆栽试验的喷药。

(9)孢子喷雾器：用于接种时喷洒孢子或细菌悬浮液。

三、几种常用仪器

(一)天平

天平可分为两大类：一类是药物天平，或叫架盘天平，结构比较粗糙，用于不需要太精确的一般性称重；另一类是分析天平，结构精细，用于精确的称重。

1. 架盘天平

根据其最大称量可分为100 g(感量0.1 g)、200 g(感量0.2 g)、500 g(感量0.5 g)和1 000 g(感量1.0 g)四种。一般用于称量药品、大质量的样品和配料。

2. 分析天平

分析天平是植物病理学实验室定量分析中常用的精密仪器之一。分析天平按其称量的精度可分为感量为千分之一(准确到0.001 g)的分析天平，感量为万分之一或万分之二(准确到0.000 1 g或0.000 2 g)的分析天平。另外，还有半微量和微量天平，其感量为十万分之一或百万分之一克。它们可称量至微克。

被称量的物品要求称准到1 mg时，方可使用分析天平。应保持天平内外的清洁。天平内若有污物只能用毛刷轻轻刷去。每次称量前，应检查天平位置是否水平，并测定零点。如零点偏差较大，必须经校正后使用。称量的物品必须放在称量瓶或试管内，不可直接放在天平盘上。称量能腐蚀金属并有挥发性质的药品时，必须在带盖的称量瓶中称量。称量液体药品时，应特别小心，切勿滴洒。天平使用完毕后，必须登记使用情况。

(二)超净工作台

植物病原菌的分离、培养等工作，要求在无菌的环境中进行，以减少杂菌的污染机会，提高工作效率。因此，超净工作台在植物病害研究中是很常用的。

超净工作台可提供高洁净度的工作环境。超净工作台型号很多，有可供单人使用和双人使用的。按气流方向的不同有两种不同的类型：一种为垂直流，净化后的气流从上向下，形成气流屏障保持台面无菌；另一种为水平流，气流面向操作者方向流动，使外界气流不能混入。

1. 工作原理

室内空气经初过滤器过滤后，利用离心风机，将经过预过滤的空气，压往高效过滤器，进行二次过滤，使得具有一定洁净度、一定风速的空气进入需要净化的区域内，并将该洁净区域内的尘埃带走，形成高洁净度的无尘无菌工作环境。

2. 使用方法

(1)为延长使用寿命，一般应将超净工作台置于较洁净的环境中，并尽量远离尘源与震源。

(2)对于新安装的或长期未使用的工作台，在使用前必须用吸尘器或不产生纤维的工具认真进行清洁，再采用紫外线灭菌法进行灭菌处理。

(3)每次使用之前应提前 15 min 开机，以保证工作区域的洁净度。开机后即开启紫外灯，杀灭工作区域内表面积累的微生物，使用时关闭紫外灯，开启日光灯，并启动风机。

(4)当需要调节风机风速时，用工作台操作面板上轻触型开关进行调节。

3. 维修与保养

(1)操作区内的使用温度不得过高。

(2)操作区内不要存放不必要的物品，以保持操作区的洁净气流不受干扰。

(3)定期(一般每 2 个月 1 次)用 QDF-2A 型热球式电风计测量操作区风速。

(4)定期对环境进行灭菌(一般 1 周 1 次)，同时经常用纱布蘸上酒精或丙酮等将紫外灯表面擦净，保持表面清洁，以免影响杀菌效果。

(5)当加大风机电压已不能使操作区风速达到 0.32 m/s 时，必须更换高效空气过滤器。

(6)更换高效空气过滤器时，可打开顶盖，注意过滤器上的箭头标志，箭头指向即为气流流向。

(7)更换高效空气过滤器后，应用 Y09-4 型尘埃离子计数器检查四边框密封是否良好，调节风机电压，使操作区平均风速保持在 0.32～0.48 m/s 范围内，再用 Y09-4 型尘埃离子计数器检查洁净度。

(三)离心机

1. 离心机的种类

离心机根据可达到的最高转速可以分为低速离心机、高速离心机和超速离心机。

(1)低速离心机:最高转速一般小于 10 000 r/min 左右。主要用于种子带菌的洗涤检验和病毒提纯过程中的低速离心等。

(2)高速离心机:最高转速可达 10 000~25 000 r/min,具有冷冻控温系统,可根据需要调节离心时离心机腔的温度。离心机转头配备齐全,种类繁多,用户可根据需要配置。高速离心机一般使用塑料及金属离心管。

(3)超速离心机:最高转速可达 30 000 r/min 以上,有的最高转速可达 150 000 r/min 以上。超速离心机又可分为分析超速离心机和制备超速离心机两类。分析超速离心机具有光学系统,主要用于鉴定、分析或测定样品的特性,也可用于制备。制备超速离心机主要用于分离、纯化及制备样品,有些可加分析附件,用于分析测定。超速离心机适于各种细胞器、病毒和生物大分子的分离和分析需要。

2. 离心机的转头

是离心机的重要组成部分。主要包括以下几种。

(1)角型转头。这类转头放置离心管的孔与转头轴线之间始终保持着固定的角度。主要用于差速离心。每个转头有一个最大离心半径和最小离心半径,两者的差值就是样品在离心管中的最大沉降距离(或旋转半径)。

(2)水平转头。主要用于密度梯度离心。离心管放在吊桶中,吊桶按号悬挂于转头的中心主体上。当离心机开始运转加速,吊桶受离心力作用逐渐由垂直悬挂转为水平方向悬挂。

(3)垂直转头。是专为密度梯度离心设计的转头,主要用于等密度区带离心。垂直转头的离心管与转头旋转轴平行,而与离心力方向垂直。离心管在使用时应与相应的离心转头相配套。大部分离心管是塑料制作的。不锈钢离心管可用于有机试剂及酸碱腐蚀性溶液的离心。低速离心的离心管一般不带管帽,高速离心时为增强离心管在离心时的强度要求加上管帽。

3. 离心机的使用注意事项

(1)离心机装入的离心管个数应为偶数,装有样品的离心管,应先在天平上两两互相配平,再将重量相一致的两个离心管装在相互对称的管槽中。装入离心机的所有离心管的重量应基本一致,以保证离心机工作时的平衡。

(2)离心管的规格应与离心槽匹配。离心管过小,离心过程中易引起管的破裂。

(3)使用时不得使转头在超过最大允许速度下运转。

(4)离心机应安放在平整坚实的平台上,以免运转时产生不必要的麻烦。

(5)仪器在高速旋转时切不可随意打开盖门,以免发生事故。

(6)仪器不用时,应将电线与外电网相连的一端拔下。

(7)使用前必须经常检查离心管是否有裂纹、老化等现象,如有应及时更换。

(8)使用完毕后,将转头和仪器擦干净,以防样品液沾污而产生腐蚀。

(四)烘箱和恒温箱

烘箱又叫干燥箱,常用的是电热鼓风干燥箱,用于物品的干燥和干热灭菌,工作温度为50～250℃。恒温箱又叫培养箱,在植物病理实验室主要用于菌物、细菌等的恒温培养,工作温度在室温至60℃。新式的恒温箱可以制冷,其工作温度(通常为10～60℃),可以根据需要而设定。这两种仪器的工作原理、结构和使用方法相似。在植物病理实验室应配备多个恒温箱,以便满足不同病原菌培养时的不同温度需要。

(1)检查温度计是否插入放气调节器中部的小孔内。

(2)将电源插头插好,打开开关。

(3)将自动恒温控制旋钮沿顺时针的方向旋转至所需设定的温度处,指示灯红灯亮表示电热丝开始加热。

(4)在加热的过程中,注意观察温度计所指示的恒温箱内实际温度,当温度达到所设定温度时,应该红色指示灯灭,而绿色指示灯亮。此时,恒温箱处于保温状态。

(五)酸度计

酸度计是测定溶液pH的重要仪器。实验室常用的是国产雷磁25型酸度计,它是直读型pH计,可用于pH测定和电动势测定。

1.使用方法

(1)安装电极。仪器配备221型玻璃电极和222型甘汞电极。把玻璃电极的塑料帽夹在电极夹的夹子上,插头插在插孔内。把甘汞电极的金属帽夹在电极夹的另一夹子上,由于它具有金属的帽子,可直接与仪器内部形成回路。两个电极的高度,可利用电极夹上的支头螺丝调节。

(2)校正。先将"pH-mV"开关拨到"pH"位置。然后,打开电源开关,指示灯亮后,应预热5 min。将电极浸入已知pH的标准缓冲溶液中,应使玻璃电极的球状体和甘汞电极的毛细孔完全浸入溶液。再轻轻摇动小烧杯,使电极所接触的溶液均匀。

调节温度补偿器，使旋钮指示的温度与杯内溶液的温度（或室温）相同。根据标准缓冲液的 pH，将量程选择开关拨至 0～7 或 7～14。旋转定位调节器，使指针指在 pH 7 处。稍许转动或按下读数开关，使开关卡住，转动定位调节器，使指针指在标准缓冲液的 pH 处。放开读数开关，指针应在 pH 7 处。如有变动，则重复操作至数值稳定为止。为了更好地校准，可分别采用两种 pH 范围（0～7 和 7～14）的已知 pH 的标准缓冲液进行校正。校正完毕，用蒸馏水冲洗电极与小烧杯。校正后，切勿再旋动定位调节器，否则必须重新校正。

（3）测量。用滤纸轻轻触及两个电极以吸干剩余的溶液，或用待测液洗电极。然后，将电极浸入待测液中，并不断搅动溶液。按下读数开关，指针所指的 pH 即为待测液的 pH。重复几次，直至数值不变为止。在放开读数开关后，指针必须指在 pH 7 处，否则，应旋转定位调节器至 pH 7 处以后，重测待测液的 pH。在量程 0～7 范围测量时，若指针读数超出刻度范围，应将量程开关拨至 7～14 的位置再重复操作。测量完毕，放开读数开关，关闭电源开关。然后冲洗干净玻璃电极，玻璃电极可浸泡在蒸馏水中，而使甘汞电极离开蒸馏水并戴上橡皮帽。

2. 注意事项

（1）玻璃电极在初次使用前，必须在蒸馏水中浸泡数日至一星期，至少浸泡一昼夜。因此，应经常浸泡在蒸馏水中以备随时可用。

（2）玻璃电极不要与强烈吸水的溶剂接触太久。在强碱溶液中使用应尽快操作，用毕立即用水洗净。

（3）玻璃电极的玻璃膜不要沾上油污。若不慎沾上油泥应先用酒精，再用四氯化碳或乙醚，最后用酒精浸洗，再用水洗净。

（4）玻璃电极上的玻璃膜非常薄，极易损坏，清洗后只能用滤纸轻轻吸干，千万不要揩擦，以免碰碎玻璃膜。

（5）甘汞电极中的氯化钾溶液应无气泡，并且要有少许氯化钾结晶存在，以使溶液保持饱和状态。

（6）首次使用时，应检查电源是否与仪器要求相符。仪器的电源必须要有地线，以使指针稳定。

（六）分光光度计

分光光度计不仅能在可见光区域内测定有色物质的吸收光谱，也能在紫外及红外光区域测定无色物质的吸收光谱。多数情况下，样品不需要显色就能进行定性和定量分析。在此着重介绍国产 751 型分光光度计的使用。751 型分光光度计是可见光和紫外光分光光度计，其波长范围为200～1 000 nm。

1.使用方法

(1)在电源电压与仪器要求的电压相符时，插上电源插头。

(2)仪器装有两个光源灯。钨灯的波长范围为320～1 000 nm，氢灯为320 nm以下。拨动光源灯座的把手，将选用的光源灯置于光路中。根据需要可以在光路中插入滤光片，以减少杂散光，一般情况下无此必要。

(3)仪器各种开关和旋钮处于关闭位置时，打开电源开关，预热20 min。

(4)选择适当的比色杯。测定波长在350 nm以上时，用玻璃比色杯；若在350 nm以下，必须使用石英比色杯。比色杯盛入溶液后，放在比色杯架上，然后再放入暗箱内，盖好盖板。此时，空白溶液或蒸馏水的比色杯恰好处于光路中。

(5)选择适当的光电管。测定的波长范围在200～625 nm内，用蓝敏光电管，应将手柄推入；若在625～1 000 nm范围内，用红敏光电管，应将手柄拉出。

(6)将选择开关扳至“校正”位置后，转动选择波长的旋钮，使波长刻度对准所需要的波长。

(7)调节暗电流旋钮，使电表指针对准“0”位置。为了得到较高的准确度，每测量一次都应校正暗电流一次。

(8)调节灵敏度旋钮，在正常情况下，从关闭的位置起沿顺时针方向转动3～5圈。

(9)转动读数电位器旋钮，使刻度盘处于透光率100%位置。然后，把选择开关扳至“x1”位置。再拉开暗电流闸门，使单色光进入光电管。

(10)调节狭缝旋钮，使电表指针处于“0”位置附近，再用灵敏度旋钮仔细调节，使电表指针准确地位于“0”处。

(11)完成上述操作后，将比色杯定位装置的手柄轻轻地拉出一格，使第二个比色杯的待测液处于光路中。注意，应使滑动板准确地位于定位槽内。这时电表指针偏离“0”位。再转动读数电位器旋钮，重新使电表指针对准“0”位，刻度盘上的读数即为该待测液的光密度或透光率。依次测定第二、第三个待测液，并读出数据。

(12)完成一次测量后，立即关上暗电流闸门，以保护光电管。

(13)在读数时，若选择开关处于“x1”位置，光密度(即消光)范围为0～∞，透光率是0～100%。当透光率小于10%时，则可把选择开关扳至“x0.1”位置。这时，读出的透光率数值，应除以“10”，而读出的光密度值，则应加上“1.0”。

(14)测定完毕，将每个开关、旋钮、操作手柄等复原或关闭。拔掉电源插头，以切断电源，并盖好仪器罩。

2. 注意事项

(1)仪器连续使用时间应不超过 2 h,每次使用后需要间歇 30 min 以上才能再次使用。

(2)若外电路电压波动较大,可使用稳压器。

(3)盛待测液时,必须达到比色杯的 2/3 左右,但不宜过多。

(4)千万不可用手、滤纸、毛刷等物摩擦比色杯的光滑面。

(5)用完比色杯应立即用自来水冲洗,再用蒸馏水洗净。若洗不净时,用 5% 的中性皂溶液或洗衣粉稀溶液浸泡。洗净后可将比色杯倒置晾干或用滤纸将水吸去,再用擦镜纸轻轻揩干。

附录六　常用浮载剂及封固剂

1. 水

最常用，但易于干燥，仅适于暂时性检查，不易封固保存，且易形成气泡（检查材料以酒精、5%明胶、水或稀肥皂水稍浸，洗净后再以水浮载可除去气泡）。

2. 乳酚油

也较常用，成分及配比如下：

苯酚结晶（加热熔化）	20 mL
乳酸	20 mL
甘油	40 mL
蒸馏水	20 mL

乳酚油不易干燥，标本可存放几天以上。为使标本易于辨别，常在其中加染料苯胺蓝（棉蓝），用量是 0.05%～0.1%（也有的加 0.2%～0.5%的锥虫蓝等），因其是酸性染料，可染菌物原生质而不染细胞壁，故对分隔难辨的菌物孢子等可由此染色而看清。此法一般只用于观察菌态，不适于测量孢子的大小（因为乳酚油的折射率近于孢子和菌丝体，1.43 左右）。另一方面，此法制片，封固比较困难（因为乳酚油易于和封固剂起化学作用而分解），可用达马树脂（和乳酚油不起化学作用）和等量蜂蜡混配做封固剂。蜂蜡放于玻璃皿中在水槽上熔化（温度勿过高），达马树脂在铁罐中熔化（温度勿过度），然后将蜂蜡倒入熔化的达马树脂中搅和而成（加少量贴金胶水，可增进与玻璃的附着力）。封固时以“L”形铜棒等在煤气灯上烧热后，蘸少许封固剂在盖玻片周围封固。此封固剂干燥快，经久不坏。但由于其致癌作用而逐渐被淘汰而改用甘油乳酸液。

3. 甘油乳酸液

也可加苯胺蓝等染料，其成分及配比如下：

乳酸	500 mL
甘油	1 000 mL
蒸馏水	500 mL

4. 水合氯醛碘液

其成分及配比如下：

水合氯醛	100 g
碘化钾	5 g
碘	1.5 g
水	100 mL

碘与碘化钾研和，加水溶解。然后与水合氯醛混合。此浮载剂较好，能使菌物组织透明，并染上颜色，能弥补乳酚油的不足，一一看清细胞壁和其他结构。此法制片只可保存几天，不宜久存，为保存，可除去碘液再用乳酚油浮载后封存。

5. 甘油

此浮载剂适于保存藻类、水霉菌等柔软标本。将标本放在一滴10%的甘油中，加盖玻片，水分蒸发后，随时补加甘油至水分蒸发净，制成的标本玻片平放可经久不坏（擦去多余甘油，用香脂或其他封固剂封固，可永久保存）。

6. 甘油明胶

成分及配比如下：

明胶	5 g
甘油	35 mL
水	30 mL

明胶在水中浸透，加热至35℃熔化，加甘油搅和，用纱布过滤后使用。

徒手切片及其他标本，都可用此浮载剂制片。标本染色（或不染）后，先用甘油脱水（干燥标本可不脱水），挑取小团甘油明胶放在载片上，微加热，待其熔化而气泡消失后，将标本取出吸除去多余甘油后移入熔化的甘油明胶中，加盖玻片轻轻下压，擦去盖玻片周围的多余甘油明胶。平放十几天，干后长期保存，用香脂或其他封固剂封固后长久保存。

此浮载剂对于干燥标本易出气泡，用醋酸甘油先予处理可防此弊，成分及配比如下：

醋酸钾（2%水溶液）	300 mL
甘油	120 mL
酒精	180 mL

标本放在载玻片上加小滴醋酸甘油，微加热以除气泡，并蒸去大部分油剂，趁热加入小团甘油明胶，熔化后加盖玻片，其后步骤同“甘油明胶”。

附录七　常用培养基和抗生素的配制方法

一、常用抗生素及配制方法

1. 氨苄青霉素(ampicillin)(100 mg/mL)

溶解 1 g 氨苄青霉素钠盐于足量的水中，最后定容至 10 mL。分装成小份于 −20℃贮存。常以 25～50 μg/mL 的终浓度添加于生长培养基。

2. 羧苄青霉素(carbenicillin)(50 mg/mL)

溶解 0.5 g 羧苄青霉素二钠盐于足量的水中，最后定容至 10 mL。分装成小份于 −20℃贮存。常以 25～50 μg/mL 的终浓度添加于生长培养基。

3. 甲氧西林(methicillin)(100 mg/mL)

溶解 1 g 甲氧西林钠于足量的水中，最后定容至 10 mL。分装成小份于 −20℃ 贮存。常以 37.5 μg/mL 终浓度与 100 μg/mL 氨苄青霉素一起添加于生长培养基。

4. 卡那霉素(kanamycin)(10 mg/mL)

溶解 0.1 g 卡那霉素于足量的水中，最后定容至 10 mL。分装成小份于 −20℃ 贮存。常以 10～50 μg/mL 的终浓度添加于生长培养基。

5. 氯霉素(chloramphenicol)(25 mg/mL)

溶解 0.25 g 氯霉素于足量的无水乙醇中，最后定容至 10 mL。分装成小份于 −20℃贮存。常以 12.5～25 μg/mL 的终浓度添加于生长培养基。

6. 链霉素(streptomycin)(50 mg/mL)

溶解 0.5 g 链霉素硫酸盐于足量的无水乙醇中，最后定容至 10 mL。分装成小份于 −20℃贮存。常以 10～50 μg/mL 的终浓度添加于生长培养基。

7. 萘啶酮酸(nalidixic acid)(5 mg/mL)

溶解 0.05 g 萘啶酮酸钠盐于足量的水中，最后定容至 10 mL。分装成小份于 −20℃贮存。常以 15 μg/mL 的终浓度添加于生长培养基。

8. 四环素(tetracycline)(10 mg/mL)

溶解 0.1 g 四环素盐酸盐于足量的水中，或者将无碱的四环素溶于无水乙醇，定容至 10 mL。分装成小份用铝箔包裹装液管以免溶液见光，于 −20℃贮存。常以 10～50 μg/mL 的终浓度添加于生长培养基。

小技巧：如配制 10 mg/mL 卡那霉素，先在盐水瓶或血清瓶加入 10 mL 双蒸水，高压，冷却后加入 0.1 g 卡那霉素，混匀，滤膜过滤到试管中，再以 1 mL/管分装到 EP 管中待用。

二、常用培养基配制方法

1. 牛肉膏蛋白胨培养基(培养细菌用)

牛肉膏	3.0 g
蛋白胨	10.0 g
氯化钠	5.0 g
琼脂	15～20 g
蒸馏水	1 000 mL
pH	7.0～7.2

121℃灭菌 20 min。

2. 高氏(Gause)1 号培养基(培养放线菌用)

可溶性淀粉	20.0 g
硝酸钾	1.0 g
氯化钠	0.5 g
三水合磷酸氢二钾	0.5 g
七水合硫酸镁	0.5 g
七水合硫酸亚铁	0.01 g
琼脂	17～20 g
蒸馏水	1 000 mL
pH	7.2～7.4

配制时，先用少量冷水将淀粉调成糊状，倒入煮沸的蒸馏水中，在火上加热，边搅拌边加入其他成分，熔化后，补足蒸馏水至 1 000 mL。121℃灭菌 20 min。

3. 查氏(Czapek)培养基(培养霉菌用)

硝酸钠	2.0 g

磷酸氢二钾	1.0 g
氯化钾	0.5 g
七水合硫酸镁	0.5 g
七水合硫酸亚铁	0.01 g
蔗糖	20～30 g
琼脂	15～20 g
蒸馏水	1 000 mL
pH	自然

121℃灭菌 20 min。

4. 马丁氏(Martin)琼脂培养基(分离菌物用)

葡萄糖	10.0 g
蛋白胨	5.0 g
磷酸二氢钾	1.0 g
七水合硫酸镁	0.5 g
孟加拉红(1%)	3.3 mL
琼脂	15～20 g
蒸馏水	800 mL
pH	自然

121℃灭菌 30 min。临用前加入 0.03%链霉素稀释液 100 mL,使每毫升培养基中含链霉素 30 μg。

5. 马铃薯培养基(PDA)(培养菌物用)

马铃薯	200 g
蔗糖(或葡萄糖)	20 g
琼脂	15～20 g
蒸馏水	1 000 mL
pH	自然

培养基的配制:马铃薯去皮,切成块煮沸 30 min,然后用纱布过滤,再加糖及琼脂,熔化后补足蒸馏水至 1 000 mL。121℃灭菌 30 min。

6. LB(Luria-Bertani)培养基 (培养细菌用)

胰蛋白胨	10.0 g
酵母膏	5.0 g
氯化钠	10.0 g

琼脂	15～20 g
蒸馏水	1 000 mL
pH	7.2～7.4

121℃灭菌 20 min。

7.麦芽膏琼脂培养基(保存多种类型木材腐朽菌)

麦芽浸膏	20 g
琼脂	15～20 g
蒸馏水	1 000 mL
pH	7.0

麦芽浸膏制法:

(1)取大麦或小麦若干,浸水 6～12 h,至 15℃阴暗处发芽,上面盖纱布一块,每日早、中、晚淋水一次,麦根伸长至麦粒的两倍时,即停止发芽,摊开晒干或烘干,贮存备用。

(2)将干麦芽磨碎,1 份麦芽加 4 份蒸馏水,在 65℃水浴中糖化 3～4 h,糖化程度可用碘滴定之。

(3)将糖化液用 4～6 层纱布过滤,滤液如混浊不清,可用鸡蛋白澄清,方法是将一个鸡蛋白加蒸馏水约 20 mL,调匀至生泡沫时为止,然后倒在糖化液中搅拌煮沸后再过滤。

(4)将滤液稀释到 5～6 波美度,pH 约 6.4。

8.马铃薯胡萝卜培养基(PCA)(培养菌物及产孢观察用)

马铃薯	20 g
胡萝卜	20 g
琼脂	15～20 g
蒸馏水	1 000 mL
pH	自然

培养基的配制:马铃薯和胡萝卜去皮,切成块在 500 mL 蒸馏水中煮沸 30 min,然后用纱布过滤,再加入琼脂,熔化后补足蒸馏水至 1 000 mL。121℃灭菌 30 min。

9.燕麦培养基(疫霉的分离和诱导产生卵孢子)

蒸馏水	1 000 mL
燕麦片	30 g
琼脂	15～20 g
pH	自然

燕麦片在 60℃下水浴 1 h，双层纱布过滤除渣，上清液补足蒸馏水至 1 000 mL，加入琼脂，121℃灭菌 20 min。

10. 玉米粉培养基（诱导子囊孢子产生）

蒸馏水	1 000 mL
玉米粉	30 g
琼脂	15～20 g
pH	自然

配制方法与燕麦培养基相似。

11. 番茄培养基（疫霉的培养和产孢）

番茄汁	20 mL
碳酸钙	0.4 g
琼脂	15～20 g
蒸馏水	80 mL
pH	自然

番茄汁的制备方法，取新鲜成熟的番茄果实，洗净后切成片，置于组织捣碎机中匀浆 2 min，经双层纱布过滤去除种子和残余组织，取滤液即可。

12. 黑麦培养基（马铃薯晚疫病菌的分离、培养和产孢）

黑麦	50 g
琼脂	15～20 g
蒸馏水	1 000 mL
pH	7.2

配制方法：取黑麦种子 50 g，在蒸馏水中浸泡 24～36 h，用组织捣碎机破碎 2 min，经 4 层纱布过滤去渣，将上清液加蒸馏水补足至 1 000 mL，加入琼脂，121℃灭菌 20 min。

13. 营养琼脂培养基（培养细菌用）

蛋白胨	5.0 g
牛肉膏	3.0 g
葡萄糖	2.5 g
蒸馏水	1 000 mL
琼脂	15～20 g
pH	7.3

121℃灭菌 20 min。

14. 金氏培养基 B(KB)(分离、鉴定荧光假单胞杆菌用)

蛋白胨	20.0 g
甘油	10 mL
三水合磷酸氢二钾	2.5 g
七水合硫酸镁	1.5 g
琼脂	15～20 g
蒸馏水	1 000 mL
pH	7.2

15. 葡萄糖天门冬酰胺盐培养基(土壤中分离放线菌用)

葡萄糖	10.0 g
磷酸氢二钾	1.0 g
蒸馏水	1 000 mL
碳酸钙	3.0 g
天门冬酰胺钠	1.0 g
琼脂	15～20 g
pH	7.0

121℃灭菌 20 min。

16. 精氨酸甘油食盐琼脂培养基(土壤中分离放线菌用)

甘油	12.5 mL
盐酸精氨酸	1.0 g
磷酸氢二钾	1.0 g
氯化钠	1.0 g
七水合硫酸镁	0.5 g
六水合硫酸铁	10.0 mg
五水合硫酸铜	1.0 mg
七水合硫酸锌	1.0 mg
一水合硫酸锰	1.0 mg
琼脂	15～20 g
蒸馏水	1 000 mL
pH	6.9～7.1

注意:所用的甘油的相对密度在 25℃应不小于 1.249。

17. 根瘤菌培养基

甘露醇	10.0 g
酵母粉	10.0 g
磷酸氢二钾	0.5 g
七水合硫酸镁	0.2 g
氯化钠	0.1 g
碳酸钙	3.0 g
琼脂	15～20 g
蒸馏水	1 000 mL
pH	7.2～7.6

121℃灭菌 30 min。

18. 麦氏(Meclary)琼脂培养基(醋酸钠琼脂培养基)(产孢用)

葡萄糖	1.0 g
氯化钾	1.8 g
酵母浸膏	2.5 g
醋酸钠	8.2 g
琼脂	15～20 g
蒸馏水	1 000 mL
pH	自然

115℃灭菌 20 min。

19. 柠檬酸盐培养基(用于检测革兰氏阳性菌)

磷酸二氢铵	1.0 g
磷酸氢二钾	1.0 g
氯化钠	5.0 g
硫酸镁	0.2 g
柠檬酸钠	2.0 g
琼脂	15～20 g
蒸馏水	1 000 mL
1%溴麝香草酚蓝乙醇液	10 mL

培养基的配制:将上述各成分加热溶解后,调 pH 6.8,然后加入指示剂,摇匀,用脱脂棉过滤,分装试管,121℃灭菌 20 min 后制成斜面,注意配制时控制好 pH,不要过碱,以黄绿色为准。

20. 淀粉铵盐培养基(用于放线菌的分离和计数)

可溶性淀粉	10.0 g
亚硫酸铵	2.0 g
磷酸氢二钾	1.0 g
一水合硫酸镁	1.0 g
氯化钠	1.0 g
碳酸钙	3.0 g
琼脂	15～20 g
蒸馏水	1 000 mL
pH	7.2～7.4

配制方法:先用少量蒸馏水将淀粉溶化,再加入盐类。

21. 葡萄糖醋酸盐培养基(培养酵母的子囊孢子)

葡萄糖	1.0 g
酵母浸膏	2.5 g
醋酸钠	8.2 g
琼脂	15～20 g
蒸馏水	1 000 mL
pH	6.8～7.0

115℃灭菌 20 min。

22. 玉米粉蔗糖培养基(用于真菌培养)

玉米粉	60 g
磷酸二氢钾	3.0 g
维生素 B_1	100 mg
蔗糖	10 g
七水合硫酸镁	1.5 g
琼脂	15～20 g
蒸馏水	1 000 mL
pH	自然

121℃灭菌 30 min,维生素 B_1 单独灭菌 15 min 后另加。

23. SAY 培养基(Shoemaker)

蔗糖	8.0 g
L-天门冬酰胺	1.2 g

磷酸氢二钾	0.6 g
酵母浸膏	1.0 g
琼脂	15～20 g
蒸馏水	1 000 mL
pH	自然

121℃灭菌 30 min。

24.纤维素琼脂培养基(Eggins 和 Pugh)(从土壤中分离分解纤维素的菌物)

纤维素(磨碎的)	10.0 g
亚硫酸铵	0.5 g
磷酸二氢钾	1.0 g
L-天门冬酰胺	0.5 g
氯化钾	0.5 g
七水合硫酸镁	0.2 g
氯化钙	0.1 g
酵母浸膏	0.5 g
琼脂	15～20 g
蒸馏水	1 000 mL
pH	6.2

25.复红亚硫酸钠培养基(远藤氏培养基)(用于水体中大肠菌群测定)

蛋白胨	10 g
乳糖	10 g
磷酸氢二钾	3.5 g
琼脂	20～30 g
蒸馏水	1 000 mL
无水亚硫酸钠	5.0 g
5%碱性复红乙醇溶液	20 mL

培养基的配制:先将琼脂加入 900 mL 蒸馏水中,加热溶解,再加入磷酸氢二钾及蛋白胨,使溶解,补足蒸馏水至 1 000 mL,调 pH 至 7.2～7.4。加入乳糖,混匀溶解后,115℃灭菌 20 min。称取亚硫酸钠置一无菌空试管中,加入无菌水少许使溶解,再在水浴中煮沸 10 min 后,立刻滴加于 20 mL 5%碱性复红乙醇溶液中,

直至深红色褪成淡粉红色为止。将此亚硫酸钠与碱性复红的混合液全部加至上述已灭菌的并仍保持熔化状态的培养基中,充分混匀,倒平板,放冰箱中备用,贮存时间不宜超过2周。

26.乳糖蛋白胨培养液("水的细菌学检查"用)

蛋白胨	10 g
牛肉膏	3.0 g
乳糖	5.0 g
氯化钠	5.0 g
1.6%溴甲酚紫乙醇溶液	1.0 mL
蒸馏水	1 000 mL

培养基的配制:将蛋白胨、牛肉膏、乳糖及氯化钠加热溶解于1 000 mL蒸馏水中,调pH至7.2～7.4。加入1.6%溴甲酚紫乙醇溶液1 mL,充分混匀,分装于试管中。115℃灭菌20 min。

27.淀粉琼脂培养基(用于放线菌的分离)

蛋白胨	10 g
牛肉膏	5.0 g
可溶性淀粉	2.0 g
氯化钠	5.0 g
琼脂	20 g
蒸馏水	1 000 mL
pH	7.0

把淀粉用蒸馏水调成糊状,加蒸馏水到500 mL,100℃水浴煮30 min。另取500 mL蒸馏水,放入琼脂,加热煮沸到溶解后,加入培养基中的其他成分,把两液调匀,补充蒸馏水至1 000 mL,调pH到7.0,121℃ 灭菌20 min。

28.放线菌发酵液(放线菌产生抗生素用)

葡萄糖	20 g
氯化钠	5.0 g
碳酸钙	4.0 g
蛋白胨	6.0 g
大豆粉	20 g
蒸馏水	1 000 mL

pH	7.1～7.2

121℃灭菌 20 min。

29. 淀粉酪素琼脂培养基(分离放线菌)

淀粉	10 g
干酪素	0.3 g
硝酸钾	2 g
氯化钠	2 g
七水合硫酸镁	0.5 g
磷酸氢二钾	2 g
碳酸钙	0.02 g
七水合硫酸亚铁	0.01 g
琼脂	15 g
蒸馏水	1 000 mL
pH	7.0～7.2

121℃灭菌 20 min。

30. CMKA 培养基(分离放线菌)

酸水解干酪素	0.5 g
甘露醇	1.5 g
硝酸钾	1 g
硫酸铵	2 g
磷酸氢二钾	0.5 g
碳酸钙	0.5 g
琼脂	15 g
蒸馏水	1 000 mL
pH	9.0～10.0

121℃灭菌 20 min。

31. MRS 琼脂培养基(分离乳酸菌)

蛋白胨	10 g
牛肉粉	5.0 g
酵母提取物	5.0 g
柠檬酸三铵	2.0 g
乙酸钠	5.0 g

硫酸锰	0.05 g
葡萄糖	20 g
七水合硫酸镁	0.2 g
吐温 80	1.0 mL
磷酸氢二钾	2.0 g
琼脂	15～20 g
蒸馏水	1 000 mL
pH	6.2～6.4

121℃灭菌 15 min。当乳酸菌生长代谢出乳酸后，会使 pH 下降而使颜色由绿变为黄绿，也由于 pH 降低再加上抗生素及厌氧培养的作用，一般的微生物不容易在此培养基上生长，因此十分容易鉴别乳酸菌。

参考文献

[1] 董金皋.农业植物病理学(21世纪教材).北京:中国农业出版社,2001.
[2] 张满良.农业植物病理学(北方本).北京:世界图书出版公司,1997.
[3] 北京农业大学.农业植物病理学.3版.北京:农业出版社,1991.
[4] 吕文清.植物病理学.哈尔滨:东北林业大学出版社,1993.
[5] 程志明.植物病害诊断和防治.哈尔滨:黑龙江科技出版社,1992.
[6] 方中达.植病研究方法.3版.北京:中国农业出版社,1998.
[7] 许志刚.普通植物病理学.4版.北京:高等教育出版社,2009.
[8] 吕佩珂,等.中国蔬菜病虫原色图谱.北京:农业出版社,1992.
[9] 中国农业科学院.中国农作物病虫图谱.北京:农业出版社,1985.
[10] 沈萍.微生物实验.3版.北京:高等教育出版社,1999.
[11] 钱存柔.微生物学实验教程.北京:北京大学出版社,2000.
[12] 黄彰欣.植物化学保护实验指导.北京:中国农业出版社,1993.
[13] 姜成林,徐丽华,许宗雄.放线菌分类学.昆明:云南大学出版社,1995.
[14] 阮继生,刘志恒,梁丽糯.放线菌研究及利用.北京:科学出版社,1990.
[15] 孙广宇,宗兆峰.植物病理学实验技术.北京:中国农业出版社,2002.
[16] 王贺祥.农业微生物学.北京:中国农业大学出版社,2003.
[17] 袁红莉,王贺祥.农业微生物学及实验教程.北京:中国农业大学出版社,2008.
[18] 许志刚.普通植物病理学实验指导.北京:中国农业出版社,1993.
[19] 许文耀.普通植物病理学实验指导.北京:科学出版社,2006.
[20] 李怀方,刘凤权,郭小密.园艺植物病理学.北京:中国农业大学出版社,2001.
[21] 肖悦岩,季伯衡,杨之为,等.植物病害流行与预测.北京:中国农业大学出版社,1998.
[22] 陆家云.植物病害诊断.北京:中国农业出版社,1997.
[23] 马维绪,马玉英.科技论文写作.北京:煤炭工业出版社,2000.
[24] 谢联辉.普通植物病理学.北京:中国农业出版社,2006.
[25] 关统伟,赵珂,夏占峰,吕玲玲,等.新疆高盐环境土壤放线菌分离培养基比较.应用环境生物学报,2010,16(3):429-431.
[26] 李新,纪明山.土壤中拮抗放线菌的分离和筛选.河南农业科学,2008(1):58-60.
[27] 马占鸿.植病流行学.北京:科学出版社,2010.